职业教育系列教材

机器人焊接操作培训与资格认证指定用书

机器人焊接工艺与编程

JIQIREN HANJIE GONGYI YU BIANCHENG

主　编　王　博　戴建树

副主编　杨启杰　曲　杰　任文建　刘华锋

参　编　孙淑侠　王士珍　杨　金　王　静
　　　　王瑞权　王　洋　苏霄阳　张厚强　周宇航

主　审　陈树君

机械工业出版社
CHINA MACHINE PRESS

本书是根据教育部制定的高等职业教育专科智能焊接技术专业教学标准，结合《焊工国家职业技能标准》（职业编码：6-18-02-04）和《中国焊接工程师认证标准》的知识要求和技能要求，适应机器人焊接岗位需求编写的。

本书共6章，包括机器人焊接焊件下料、成形及装配，弧焊机器人的应用，机器人焊接焊件的定位与夹紧，弧焊机器人电源，变位机，典型焊件的机器人焊接工艺与编程等内容。本书在编写过程中，从现代高等职业教育专科人才培养目标出发，针对焊前加工工艺与编程、机器人焊接指令工艺特点、电源模式响应等方面进行了一些新的尝试，并列举典型案例，紧密结合生产实际，力求在内容上做到深入浅出、通俗易懂，培养学生达到机器人焊接工艺和编程岗位群所需的知识、能力和素养要求。

本书可作为高等职业教育专科智能焊接技术专业教材，也可作为中等职业学校焊接技术应用专业教材，还可作为职工大学、焊接技术和管理人员的参考用书。

本书配套有电子课件、微课视频、习题答案等教学资源，凡选用本书作为授课教材的教师可登录机械工业出版社教育服务网 www.cmpedu.com，注册后免费下载。

图书在版编目（CIP）数据

机器人焊接工艺与编程／王博，戴建树主编.
北京：机械工业出版社，2025.6. --（职业教育系列教材）（机器人焊接操作培训与资格认证指定用书）.
ISBN 978-7-111-78285-8

Ⅰ．TP242

中国国家版本馆 CIP 数据核字第 2025TA4189 号

机械工业出版社（北京市百万庄大街22号　邮政编码100037）
策划编辑：王海峰　　　　　　责任编辑：王海峰
责任校对：张　薇　李　婷　　封面设计：张　静
责任印制：张　博
北京建宏印刷有限公司印刷
2025年7月第1版第1次印刷
184mm×260mm·9.75印张·240千字
标准书号：ISBN 978-7-111-78285-8
定价：47.00元

电话服务　　　　　　　　　　网络服务
客服电话：010-88361066　　机　工　官　网：www.cmpbook.com
　　　　　010-88379833　　机　工　官　博：weibo.com/cmp1952
　　　　　010-68326294　　金　书　网：www.golden-book.com
封底无防伪标均为盗版　　机工教育服务网：www.cmpedu.com

焊接机器人是工业机器人家族中的重要一员，也是技术上发展最成熟、应用最多的一类机器人。随着产业界对高效、高品质焊接产品需求的不断增长，机器人焊接的应用日益广泛。面对如此快速成长的焊接机器人市场，迅速培养出一批精通机器人焊接工艺与编程的焊接人员已成当务之急。

本书正是针对这种需求，严格按照行业与职业要求，遵循技术技能人才成长规律，以实操能力培养为重点，以岗位工作过程为导向，以典型工作任务为依托，通过将机器人焊接工艺与编程技术有机融合，真正体现焊接作业的自动化和精确化理念，面向智能制造工程技术人员新职业，为培养高素质高技术技能人才提供服务。

本书基于工作过程设计编写内容，包括机器人焊接焊件下料、成形及装配，弧焊机器人的应用，机器人焊接焊件的定位与夹紧，弧焊机器人电源，变位机，典型焊件的机器人焊接工艺与编程。

本书在内容的组织与安排上力求体现以下特色。

1. 科学性和职业性

本书以机器人焊接应用为导向，突出岗位职业能力培养，体现校企合作、工学结合的职业教育理念，反映职业岗位能力要求，与焊工国家职业技能标准及 1+X 焊接机器人编程与维护职业技能等级标准有效衔接，实现理论与实践相结合，满足"教、学、做"合一的教学需要。

2. "岗课赛证"融通

书中内容与焊工职业技能鉴定接轨，并加入机器人焊接的新技术、新工艺和新方法，实现教学内容与生产实践、教学过程与生产过程零距离对接，使学生尽早适应实际工作岗位，符合 1+X 的课证融通式评价体系，并收录了部分焊接机器人比赛项目，做到"岗课赛证"融通。

3. 强化育人功能

本书加入素养提升内容，如介绍机器人和焊接领域专家和大国工匠的优秀事迹等，以培养学生爱党、爱国、爱岗、敬业的精神，培根铸魂，增强本书的育人功能。实训任务结束后，还安排了知识测评，便于学生理论联系实践，更好地掌握焊接专业知识。

4. "互联网+"新形态一体化教材

本书配套有动画和视频等教学资源，将纸质教材与数字资源相融合，体现"互联网+"新形态一体化教材理念。

5. 校企互补组建编审团队

本书简明扼要、条理清晰、层次分明、图文并茂、通俗易懂。为使内容更贴近生产实践，更具有针对性，本书特邀部分生产一线的工程技术人员参加内容的编审工作。

本书由佳木斯职业学院王博、广西机电职业技术学院戴建树任主编，广西机电职业技术学院杨启杰、浙江钱江机器人有限公司曲杰、山东奥太电气有限公司任文建、佳木斯职业学院刘华锋任副主编，参加编写的还有武汉船舶职业技术学院孙淑侠、杨金、王静，武汉湾流科技股份有限公司王士珍，浙江机电职业技术大学王瑞权，浙江钱江机器人有限公司王洋，山东奥太电气有限公司苏霄阳，佳木斯职业学院张厚强、周宇航。本书由北京工业大学陈树君主审。全书由杨启杰、戴建树统稿。

本书在编写过程中，参阅了大量的国内外教材，吸收了国内多所职业院校近年来的教学改革经验，得到了许多专家及一线技术人员的支持和帮助，在此一并致谢。

由于编者的水平有限，书中难免有疏漏和不足之处，恳请有关专家和广大读者批评指正。

编　者

CONTENTS 目　录

绪论

自工业革命以来，人力劳动已逐渐被机械所取代，这种变革为人类社会创造出巨大的财富，极大地推动了人类社会的进步。工业机器人的出现是人类利用机械进行社会生产历史的一个里程碑。全球诸多国家近半个世纪的机器人使用实践表明，工业机器人的普及是实现生产自动化、提高生产率、推动企业和社会生产力发展的重要手段。

焊接机器人是从事焊接（包括切割与喷涂）工作的工业机器人，是在普通工业机器人的末轴法兰处装接焊钳或焊（割）枪，使其能进行焊接、切割或喷涂等作业。机器人焊接则是机器人代替手工作业，即利用焊接机器人系统完成焊接作业，获得合格焊件的过程。

一、焊接机器人的分类及应用

焊接机器人可按自动化技术发展程度、性能指标、产业模式及焊接工艺方法等进行分类。

1. 按自动化技术发展程度分类

根据自动化技术发展程度的不同，焊接机器人可分为示教再现型机器人和智能型机器人。

（1）示教再现型机器人　示教再现型机器人属于第一代工业机器人，由操作者将完成某项作业所需的运动轨迹、运动速度、触发条件、作业顺序等信息通过直接或间接的方式对机器人进行"示教"，由记忆单元记录示教过程，再在一定的精度范围内，重复再现被示教的内容。目前在工业中大量应用的焊接机器人多属此类。

（2）智能型机器人　智能型机器人具有一定的智能，能够通过传感手段（触觉、力觉、视觉等）对环境进行一定程度的感知，并根据感知到的信息对机器人作业内容进行适当的反馈控制，对焊枪对中情况、运动速度、焊接姿态、焊接是否开始或终止等进行修正。

2. 按性能指标分类

按照机器人的负载能力与作业空间等性能指标的不同，可将机器人分为超大型机器人、大型机器人、中型机器人、小型机器人和超小型机器人等类型。

（1）超大型机器人　负载能力 $P \geqslant 10^7 \mathrm{N}$，作业空间 $V \geqslant 10 \mathrm{m}^3$。

（2）大型机器人　负载能力 $P = 10^6 \sim 10^7 \mathrm{N}$，作业空间 $V \geqslant 10 \mathrm{m}^3$。

（3）中型机器人　负载能力 $P = 10^4 \sim 10^6 \mathrm{N}$，作业空间 $V = 1 \sim 10 \mathrm{m}^3$。

（4）小型机器人　负载能力 $P = 1 \sim 10^4 \mathrm{N}$，作业空间 $V = 0.1 \sim 1 \mathrm{m}^3$。

（5）超小型机器人　负载能力 $P < 1 \mathrm{N}$，作业空间 $V < 0.1 \mathrm{m}^3$。

3. 按产业模式分类

世界上的机器人主要制造国根据其自身工业基础特点和市场需求的不同，分别发展出了具有自身特色的机器人产业模式，包括日本模式、欧洲模式和美国模式等。日本模式以产业链的分工发展、掌握核心技术为特点，由机器人制造商以开发新型机器人和批量生产为主要目标，并由其子公司或其他工程公司来设计、制造各行业所需要的机器人成套系统。欧洲模式由机器人制造厂商完成机器人的生产，同时也承担用户所需要的系统设计、制造工作。美国模式重视集成应用，采取采购与成套设计相结合的方式，美国国内基本不制造普通的工业机器人，企业通常通过工程公司进口，再自行设计和制造配套的国外设备，进行系统集成，最终将完整的机器人系统提供给客户。

4. 按所采用的焊接工艺方法分类

按照机器人所用焊接工艺方法不同，可将其分为点焊机器人、弧焊机器人、搅拌摩擦焊机器人、激光焊机器人等类型，如图 0-1~图 0-4 所示。

图 0-1　点焊机器人

图 0-2　弧焊机器人

图 0-3　搅拌摩擦焊机器人

图 0-4　激光焊机器人

本书将重点介绍弧焊机器人的具体操作工艺，包括机器人焊接焊件下料成形及装配、弧焊机器人的应用、机器人焊接焊件的定位与夹紧、弧焊机器人电源、变位机以及典型焊件的机器人焊接工艺与编程等。

二、 焊接机器人的组成

焊接机器人主要由操作机、控制器和示教器三部分组成。

1. 操作机

操作机是工业机器人的机械主体，是用来完成各种作业的执行机械，主要由驱动装置、传动单元和执行机构组成。驱动装置的受控运动通过传动单元带动执行机构，从而精确地保证末端执行器所要求的位置、姿态和实现其运动。为了适应不同的用途，机器人操作机最后一个轴的机械接口通常是一个连接法兰，可接装不同的机械操作装置（习惯上称为末端执行器），如夹紧爪、吸盘、焊枪等。

2. 控制器

如果说操作机是工业机器人的"肢体"，那么控制器则是工业机器人的"大脑"和"心脏"，它是决定机器人功能和水平的关键部分，也是机器人系统中更新和发展最快的部分。它通过各种控制电路硬件和软件的结合来操纵机器人，并协调机器人与周边设备的关系。控制器的功能可分为两部分：人机界面部分和运动控制部分。对应于人机界面的功能有显示、通信、作业条件等，而对应于运动控制的功能是运动演算、伺服控制、输入输出控制（相当于 PLC 功能）、外部轴控制、传感器控制等。

3. 示教器

示教器是人与机器人的交互接口，可由操作者手持移动，使操作者能够方便地接近工作环境进行示教编程。它的主要工作部分是操作键与显示屏。实际操作时，示教器控制电路的主要功能是对操作键进行扫描并将按键信息送至控制器，同时将控制器产生的各种信息在显示屏上进行显示。因此，示教器实质上是一个专用的智能终端。

三、 机器人焊接工艺的制订

机器人焊接工艺主要包括焊接工艺分析、焊件下料装配和定位装夹、焊接电源选用、机器人焊接工艺试验等。

机器人焊接是用焊接机器人代替手工完成焊接作业，因此，同样需要制定切实可行的焊接工艺方案。

1. 焊件的机器人焊接工艺性分析

已知焊件结构的技术要求、结构尺寸、母材牌号及规格（板厚、管径与壁厚）、接头形式、焊接位置、焊接方法、焊材、气体等，对焊件材料的焊接性、下料、成形加工工艺、装配方法的选用以及机器人的焊接轨迹、姿态、焊枪角度、焊接参数等进行分析，确定焊接重点及难点，制定解决方案，控制焊接质量，提高效率，降低成本等。

2. 焊件下料装配和定位装夹

焊件的下料和装夹精度直接影响机器人焊接的质量，特别是在高精尖领域的产品要求更高，因此需要采用相应工艺条件，保证焊件的下料和装夹精确度。

3. 焊接电源选用

根据现场生产条件及焊接技术要求，选择机器人及焊接电源类型、系统形式，考虑是否需要翻转变位、机器人的臂伸长（动作范围）能否覆盖整个作业面以及机器人最大承载重量等。实施时，需要优化系统组合和焊接参数，确定合理的枪姿，正确把握影响焊接的几大要素；对于焊缝复杂的焊件，应增加变位系统，尽量使焊接位置处于最佳状态（水平或船形焊位置）。

4. 机器人焊接工艺试验

机器人焊接工艺试验是根据焊件的技术要求，通过工艺分析，拟订机器人焊接工艺方案，并将机器人焊接工艺知识应用于示教编程，充分考虑焊接顺序、关键点的处理、焊枪角度及机器人的姿态等。编程完成后对焊接参数（焊接电流、焊接电压、焊接速度、干伸长、振幅、摆动停留时间、气体流量等）进行设置和调整，完成焊接工艺试验。

四、 机器人焊接的特点

随着电子技术、计算机技术、数控技术及机器人技术的发展，从 20 世纪 60 年代开始用于生产以来，自动弧焊机器人工作站技术已日益成熟，在各行各业已得到了广泛的应用。

1. 机器人焊接的优点

1）焊接稳定性好，质量高。

2）可提高劳动生产率。

3）改善了劳动条件，可在有害环境下工作。

4）降低了工人的技术操作水平和劳动强度。

5）降低了生产成本。

6）柔性化程度高，可实现小批量产品的焊接自动化。

7）可在各种极限条件下完成焊接作业。

2. 机器人焊接的主要缺点

1）焊件制备质量和焊件装配精度要求高。

2）设计焊件的结构及焊接工艺时，要考虑焊枪的可达性、变位机的翻转次数等。

3）电源功率须满足机器人自动化焊接所要求的高输出、高稳定性等特点。此外，机器人焊接对操作者的要求较高，操作者需要具备较高的综合素质。同时，机器人焊接是以掌握焊接工艺知识为前提和基础的，操作者对焊接工艺的熟悉程度决定了机器人焊接的质量、效率、成本和效果。

五、 机器人焊接应用现状和发展趋势

据不完全统计，全世界在役的工业机器人中大约有 50% 被用于各种形式的焊接加工领域，焊接机器人应用中最普遍的主要有两种方式，即点焊和电弧焊（以下简称弧焊）。

在我国，汽车制造是焊接机器人的最大用户，也是最早的用户。早在 20 世纪 70 年代末，上海电焊机厂与上海电动工具研究所就合作研制了直角坐标机械手，并成功应用于上海牌轿车底盘的焊接。中国一汽集团有限公司是我国最早引进焊接机器人的企业，该公司自 1984 年起先后从 KUKA 公司引进了 3 台点焊机器人，用于当时红旗牌轿车车身的焊接和解放牌汽车车身顶棚的焊接；1986 年成功地将焊接机器人应用于前围总成的焊接，并于 1988 年开发了机器人车身总焊线。20 世纪 90 年代以来的技术引进和生产设备、工艺装备的引进，使我国的汽车制造水平由原来的作坊式生产提高到规模化生产，同时使国外焊接机器人大量进入国内。

近年来，随着我国经济的高速发展，对能源的需求不断加大，与能源相关的制造行业也

都开始寻求采用自动化焊接技术，焊接机器人迎来了新的发展机遇。铁路机车行业由于我国货运、客运、城市地铁等需求量的不断增加以及列车提速的需求，对机器人的需求一直处于稳步增长态势。与此同时，劳动力成本的提高为企业带来了不小的压力，而机器人价格指数的降低又恰巧为其进一步推广应用带来了契机。因此，工业机器人在各行各业的应用得到了飞速发展。

目前，我国应用的机器人主要分日系、欧系和国产三类。日系中主要有安川、OTC、松下、FANUC、川崎等公司的产品；欧系中主要有德国 KUKA、CLOOS，瑞典 ABB，意大利 COMAU 和奥地利 IGM 公司的产品；国产机器人主要是沈阳新松、南京埃斯顿、上海新时达、浙江钱江、卡谱普、安徽埃夫特、北京时代、广州数控等公司的产品。随着工业机器人技术的快速发展，机器人焊接技术的应用更是层出不穷。

机器人焊接技术的应用代表着高度先进的焊接机械化和自动化。机器人焊接技术采用专业编程人员编写的程序来控制机器人本体、焊接电源、外部轴等相关设备的动作及焊接过程，可就不同的焊接结构或使用场合进行重新编程，从而顺利实现设备在生产应用过程中的快速转换。其应用目的在于提高生产率，改善劳动条件，增强焊接稳定性，提高焊接质量并降低劳动成本。

机器人焊接技术的应用领域越来越广泛，如汽车制造、船舶生产、工程机械、航空制造、金属结构制造等。在汽车制造、工程机械、电子电气等行业中，工业机器人自动化生产线已经悄然成为自动化装备的主流。机器人焊接主要适用于不同方向的短焊缝，包括直焊缝、弧形焊缝及空间焊缝的焊接。在准备采用机器人焊接技术前，通常需要研究机器人焊接技术的适用性，做好设备的成本预算，以便后期更加顺利、可靠地开展相关工作。

复习思考题

1. 焊接机器人的类型有哪些？
2. 机器人焊接有何优、缺点？

【 榜样的力量 】

焊接专家：潘际銮

潘际銮，中国科学院院士，著名焊接专家，1927 年出生，江西瑞昌人，1944 年被保送进入国立西南联合大学，1948 年清华大学机械系毕业，1953 年哈尔滨工业大学研究生毕业，于 2022 年 4 月去世。潘际銮生前为中国科学院院士，南昌大学名誉校长，西南联大北京校友会会长，清华大学教授，曾任国务院学位委员会委员兼材料科学与工程评审组长，清华大学学术委员会主任及机械系主任，南昌大学校长，国际焊接学会副主席，中国焊接学会理事长，中国机械工程学会副理事长，美国纽约州立大学（尤蒂卡分校）名誉教授。

　　他创建了我国高校第一批焊接专业,长期从事焊接专业的教学和研究工作。20世纪60年代初,成功创新氩弧焊技术并完成清华大学第一座核反应堆焊接工程;继之研究成功我国第一台电子束焊机;以堆焊方法制造重型锤锻模;1964年与上海汽轮机厂等企业合作,成功制造出我国第一根6MW汽轮机压气机转子,为汽轮机转子制造开辟了新方向;20世纪70年代末研制成功具有特色的电弧传感器及自动跟踪系统;20世纪80年代研究成功新型MIG焊接电弧控制法"QH-ARC法",首次提出用电源的多折线外特性、陡升外特性及扫描外特性控制电弧的概念,为焊接电弧的控制开辟新的途径。1987—1991年在我国自行建设的第一座核电站(秦山核电站)担任焊接顾问,为该工程做出重要贡献。2003年研制成功爬行式全位置弧焊机器人,为国内外首创。2008年完成的"高速铁路钢轨焊接质量的分析""高速铁路钢轨的窄间隙自动电弧焊系统"项目,为我国第一条时速350km高速列车于北京奥运会召开前顺利开通做出了贡献。

第一章 机器人焊接焊件下料、成形及装配

【知识目标】

1. 熟悉下料、成形及装配工艺的基本原理、特点和应用范围。
2. 熟悉下料及成形的加工方法，掌握影响成形的因素。
3. 熟悉装配方法、过程原理以及定位焊工艺参数。

【能力目标】

1. 能根据材料特性，选择下料方法，能够熟练使用火焰切割设备。
2. 能够根据零部件材料、厚度、形状选择成形设备。
3. 能够规划装配顺序，熟练使用各种装配工具，控制装配质量。

【素养目标】

1. 培养学生安全意识，严格遵守安全操作规程，确保生产过程中的人身安全和设备安全。
2. 培养学生树立质量第一的观念，注重生产过程中的质量控制和检验，确保产品质量的可靠性。
3. 培养学生工作认真负责，追求卓越的工作态度，不断提升自己的专业素养和综合能力。

本章主要学习下料、成形及装配相关的知识，介绍下料、成形相关设备的基本原理、性能、特点及应用范围，介绍定位基准、装配方法与选用，运用学过的知识，分析下料、成形及装配过程对机器人焊接的影响，学会解决影响因素的措施，提高机器人焊接应用效果。

▶ 第一节 下 料

一、数控火焰切割、等离子弧切割

1. 数控火焰切割工作原理、性能及特点

（1）工作原理 数控火焰切割是将传统的火焰切割方式与数控自动化技术相结合，可

用于厚度为 6mm 以上的碳素钢板材的切割加工工作。通过数控系统控制割炬的运动，实现切割图案的成形，同时，冷却系统对切割部位进行冷却，防止切割面氧化和变形。在切割过程中，起割点的金属表面首先被火焰加热到燃点，随后开始燃烧反应，燃烧反应向金属下层进展，排除燃烧生成的熔渣，利用熔渣和预热火焰的热量将切口前缘的金属上层加热到燃点，使之继续与氧产生燃烧反应，如图 1-1 所示。

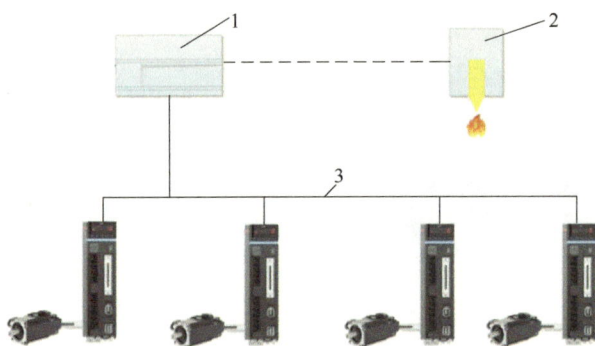

图 1-1　伺服数控火焰切割原理

1—工业数控系统　2—火焰切割装置　3—各轴伺服系统

（2）性能　数控火焰切割机如图 1-2 所示，其主要性能如下：

1）切割精度。数控火焰切割机可以精确控制切割路径和速度，切割精度一般可以达到 ±1.0mm，对于一些高精度设备，切割精度更高。

2）切割速度。切割速度可以根据材料的种类和厚度进行调节，以获得最佳的切割效果。

3）切割厚度。火焰切割适合切割较厚的金属板材，一般可切割的厚度范围在 6~200mm。

4）自动化程度。数控火焰切割机自动化程度高，可以与计算机辅助设计（CAD）和制造（CAM）系统无缝连接，实现编程自动化。

图 1-2　数控火焰切割机

5）切割质量。切割边缘质量好，氧化层少，一般不需要二次加工。

6）切割气体。通常使用氧气和乙炔混合气体进行切割，也有的使用丙烷等气体作为切割燃料。

（3）特点

1）材料适应性强。数控火焰切割方法适用于多种金属材料，如碳素钢、不锈钢、合金钢等。对于不同厚度、硬度的材料，只要选择合适的切割工艺参数，都可以实现高质量的切割。

2）切割范围广。可以切割成直线、圆弧、曲线等多种形状，还可以进行各种角度的切割，如圆角、直角，能满足复杂工件的加工需求。图 1-3 所示为 Q235 钢板数控火焰切割截面图。

3）环保安全性好。在切割过程中产生的废气、废渣较少，对环境的影响较小。同时，通过合理的安全设计和操作规范，安全性较高。

4）易于操作维护。通常采用触摸屏或计算机控制，操作界面直观易用。设备的结构简

图 1-3　Q235 钢板数控火焰切割截面图

单，维护方便，降低了使用和维护的难度。

2. 数控等离子弧切割工作原理、性能及特点

（1）工作原理　数控等离子弧切割是利用高温等离子弧将金属材料加热至熔化或气化状态，然后通过高速气流将熔化或气化的金属吹散，从而实现切割的目的。数控等离子弧切割工作原理如图 1-4 所示。

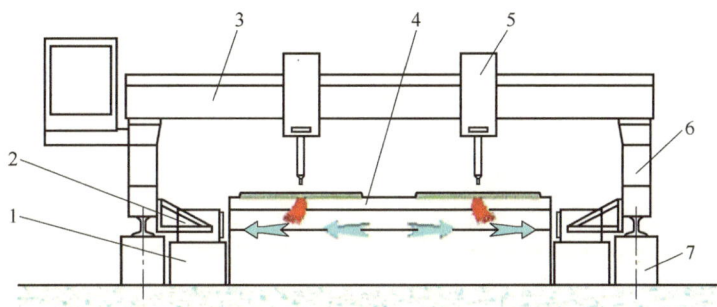

图 1-4　数控等离子弧切割工作原理

1—滑动吸风道　2—滑动吸风口　3—大梁　4—切割工作台　5—切割枪头

6—支承梁　7—基础沉梁

（2）性能

1）数控等离子弧切割机如图 1-5 所示，其采用的等离子弧切割电源具有稳定性高、可靠性强的特点，能够保证切割过程的连续性和稳定性。

2）数控系统稳定，能够在长时间工作中保持精确地控制，确保切割质量和效率。

3）切割过程中能够形成平滑、均匀的切割面，具有非常高的表面质量，减少了后续加工的工作量。

4）能够切割较厚的金属材料，可以对大型、厚重工件进行切割加工。

5）数控等离子弧切割机的操作界面简便易懂，即使是没有使用过类似设备的人员也能够快速上手。

（3）特点

1）切割精度高。数控等离子弧切割技术采用计算机控制，精度高达 0.2mm，可以满足

图 1-5　数控等离子弧切割机

各种形状的垂直和斜角度切割，如图 1-6 所示。

图 1-6　数控等离子弧切割截面图

2）切割速度快，是目前常用切割方法中速度最快的。

3）适应范围广。由于等离子弧的温度高、能量集中，因此可以切割大部分金属材料，如铸铁、不锈钢、镁、铝等。

4）经济实用。使用数控等离子弧切割相比使用传统的切割工具更经济，因为其具有更高的工作效率和较低的维护成本。

3. 应用

（1）数控火焰切割的应用　数控火焰切割机在多个领域有着广泛的应用，其主要用于切割厚度为 6mm 以上的碳素钢、不锈钢等金属材料，能够满足大型工程结构件的切割需求。由于火焰切割设备相对便宜，运行成本较低，因此适用于需要大量切割加工但预算有限的工厂企业以及金属材料的粗加工。下面以切割中厚板为例加以说明。

1）工件描述。材质：低碳钢，厚度：30mm，尺寸：3000mm×1500mm。要求：将钢板切割成多个（见图 1-7）形状，切割面平整，无裂纹，边缘光滑。

2）切割过程，首先检查切割机的工作区域，确保没有障碍物或易燃物品。然后将待切钢板水平固定在切割台上，确保工件表面平整、无油污。根据钢板的材质和厚度，设定合适的切割速度、氧气压力、燃气压力等参数（见表1-1）。将绘制好需要加工的图形尺寸导入数控火焰切割机的控制系统中，进行路径规划。起动切割机，按照规划好的路径进行切割。图1-8所示为数控火焰切割操作面板。

图1-7 加工图样排版

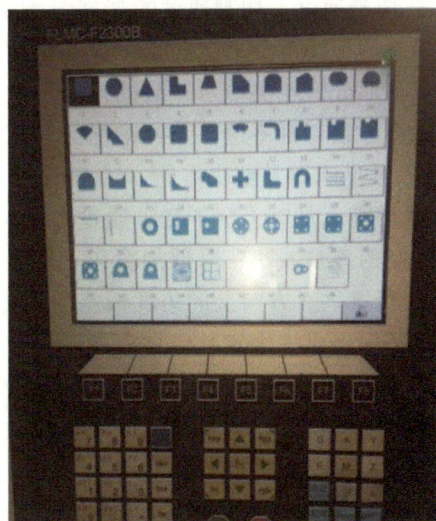

图1-8 数控火焰切割操作面板

表1-1 数控火焰切割参考参数表

割嘴型号	切割孔径 /mm	切割厚度 /mm	割缝半径 /mm	预热时间 /s	切割速度 /(mm/min)	气体压力/MPa 氧气	气体压力/MPa 丙烷
0#	1.0	5~15	1.2	10~13	380~480	0.2~0.4	>0.03
1#	1.2	16~30	1.4	12~15	320~400	0.26~0.45	>0.03
2#	1.4	31~50	1.6	24~17	350~380	0.25~0.45	>0.03
3#	1.6	51~70	1.9	16~19	240~300	0.3~0.5	>0.04
4#	1.8	71~90	2.2	18~25	200~260	0.3~0.5	>0.04
5#	2.0	91~120	2.4	24~32	170~210	0.4~0.6	>0.04
6#	2.4	121~160	2.9	31~42	140~180	0.5~0.8	>0.05

3）影响数控火焰切割截面质量的主要因素。

① 切割用氧气。当采用纯度为99%的瓶装氧气切割钢板时，切割面质量较差，不仅表面非常粗糙、挂渣严重，而且会产生上边缘熔化塌陷等现象，严重时会出现切割不连续。当采用纯度为99.5%以上的液态氧进行切割时，切割面质量显著提高，其表面光滑，挂渣极少，而且切割速度大为提高。

② 预热用燃气。火焰切割用燃气一般为乙炔、丙烷和天然气等。乙炔、丙烷燃烧速度快、燃烧值高，切割较厚钢板时容易造成切割面熔化坍塌，若改用天然气等燃烧速度慢或燃烧值低的混合气体切割，切割面不仅几何形状好，而且表面粗糙度值小。

③ 割嘴型号。割炬不同，需要的氧气流量就不同，需要的割嘴配置形式也不同。燃气种类不同，其燃烧速度不同，火焰的温度和热传导率也不同，因此选择的割嘴必须与切割用

燃气的种类相匹配。

④ 割嘴中线与钢板表面的垂直度。切割时，割嘴中线与钢板表面不垂直会造成切割面倾斜，所以需要正确安装割嘴，使用校正尺对割炬从三个方向进行校正，从而确保割嘴中线垂直于钢板表面。

⑤ 切割速度。切割速度的选择与钢板厚度、材质，割嘴型号，燃气种类等都有关，一般是随着钢板厚度的增大而减慢。如果切割速度过慢，则会造成切割面上边缘熔化塌边、切割面下半部分产生类似水冲后的沟壑凹陷。如果切割速度过快，则会造成切割面出现挂渣，严重时会导致切割不透、切割中断。

4）常见问题及解决措施。

① 切割工件时上窄下宽。通过降低切割速度，减小切割氧的压力；选择小型号的割嘴，使切割氧的流量减小；降低割嘴与工件之间的高度，以确保切割工件整齐。

② 切口垂直方向上的角度偏差。通过重新校正割炬与工件表面的垂直度，调整割嘴的角度或使用夹具来固定其位置；通过调整风线，使其与工件表面平行的方法使切口垂直。

③ 切割断面的上边缘出现挂渣。通过适当降低割嘴与工件之间的距离，以减少氧气的扩散和挂渣的产生；或者通过降低预热温度，避免过热导致熔渣附着在切割断面上的方法，来避免上边缘出现挂渣现象。

④ 切割断面上边缘塌边。通过适当加快切割速度，减少熔渣在切割过程中的堆积；降低预热温度，避免过度熔化材料；调整割嘴与工件之间的距离，确保火焰作用在正确的位置，以减少塌边的风险。

（2）数控等离子弧切割的应用　目前，金属加工行业是该项技术应用最广泛的行业，火焰切割已经远远无法满足当下的工作需求，等离子弧切割能够应用于不同材质、不同特性的金属，因此，使用范围相较于火焰切割更为广泛。在工业生产中，对于金属材料的加工主要是利用等离子弧切割、火焰切割等相关技术，而等离子弧切割相较于其他切割技术而言，则具有更为广泛的应用优势。其相较于激光切割而言，成本较低，这在很大程度上提升了工业生产的经济效益。下面以切割钢液包吊钩为例加以说明。

1）工件描述。材质：低碳钢，厚度：10mm，尺寸：6000mm×2000mm。要求：将钢板切割成多个（见图1-9）形状，切割面平整，边缘光滑。

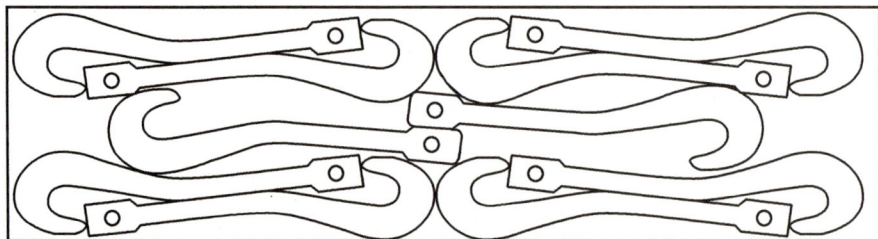

图 1-9　加工图样排版

2）切割过程。开启数控等离子弧切割机的电源开关，确保等离子弧切割电源、气体供应系统和数控系统都已准备就绪。使用编程软件或机器自带的控制系统，操作面板如图1-10所示，输入切割工件的详细尺寸和形状数据。确认切割路径的准确性和合理性，包括起始点、切割顺序和结束点。根据材料的厚度、材质和所需切割质量，设置适当的切割速度、电流等工艺参数（见表1-2）。选择合适的割炬类型和切割模式。调整割炬的高度和焦距，确保切割焦点准确对准工件表面。启动切割程序，使等离子弧切割机按照预设的路径进行切割。

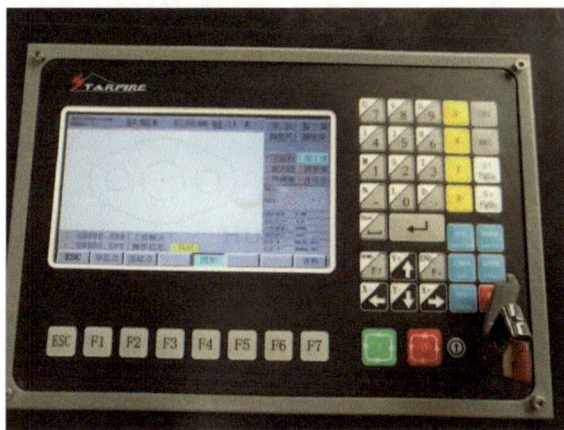

图1-10　数控等离子弧切割操作面板

表1-2　数控等离子弧切割参考参数表

钢板厚度 /mm	切割电流 /A	喷嘴直径 /mm	气压/MPa	穿孔时间 /s	穿孔高度 /mm	切割高度 /mm	切割速度 /(mm/min)
4	50～80	1.2	0.45	0.3	5～8	5～8	1800～2500
6	80～100	1.6	0.45	0.3	5～8	5～8	1500～2500
8	80～100	1.6	0.45	0.3	5～8	5～8	1200～1800
10	100～120	1.6	0.45	0.5	5～8	5～8	1000～1500
12	100～140	1.6	0.45	0.7	5～8	5～8	1000～1500
14	120～160	1.6	0.5	0.8	5～8	5～8	1000～1500
16	160	1.6～1.8	0.5	1.5	5～8	5～8	800～1300
18	160	1.8	0.5	2	8～10	5～8	700～1000
20	160	1.8～2.2	0.5	2.5	8～10	5～8	600～800

3）影响数控等离子弧切割截面质量的主要因素。

① 功率密度。在等离子弧切割中，其喷嘴结构提升了冷却效果，利用较长的孔道、小型的喷口，可实现电流密度的提升，因此，其能够在很大程度上得到压缩性较高的电流，并且提高喷嘴横截面积内电流的通过量，增加电弧的精确性。

② 喷嘴高度。喷嘴高度是指切割横截面与喷嘴端口之间的距离，是构成弧长的重要因素，利用陡降或电流控制的方法进行等离子弧切割时，伴随着喷嘴高度的变化，电流大小、弧长以及功率损失都会发生相应的变化。

③ 切割速度。切割速度应根据材料性质、熔点以及热导率等进行调解。当切割速度较低时，电弧会由于枪口直径过大而导致间断；当切割速度过高时，会使切割的能量小于需要的能量范围，这样就无法使得电流具有足够的能量吹掉熔化的材料，导致枪口挂渣偏多。

4）常见问题及解决措施。

① 切割过程中断弧。可以通过更换新的喷嘴、调整喷嘴到板材之间的距离、增大等离子弧电源进气气压、适当增大切割速度的方法避免断弧现象的发生。

② 引弧位置缺陷。在编写切割程序时，调整引入线和引出线的长度。如内孔切割时，引入线起点从圆心开始，引出线长度设置为0，可以明显改善引弧缺陷。

③ 切割边缘呈波浪形。调整合适的切割速度，可以有效保证切割面纹路细腻、光滑。

④ 切割出现挂渣。确定合理的切割速度，定期对设备进行检修和维护，及时更换损坏的割嘴，可以有效避免挂渣现象的发生。

二、激光切割

1. 工作原理

激光切割的工作原理主要基于高功率密度的激光束照射被切割材料，使材料迅速加热至汽化温度，蒸发形成孔洞。随着光束的移动，孔洞连续形成，从而完成对材料的切割。激光切割机原理图如图 1-11 所示，实物图如图 1-12 所示。

2. 性能

（1）精度高　激光切割加工切口细窄，切缝两边平行并且与表面垂直，切割零件的尺寸精度可达 0.05mm。

（2）速度快　由于激光光斑小、能量密度高，切割时热量主要集中被切割部位，因此切割相对较快。

（3）热影响区小　激光切割后，因为能量集中，故切口两侧热影响区宽度很小，切缝附近材料的性能几乎不受影响。

（4）适应性强　无论是简单的直线还是复杂的曲线或图案，使用激光切割都能够完成。无论是金属、塑料、木材还是其他复合材料，激光切割均能够根据不同材料的特性和要求，进行切割加工。

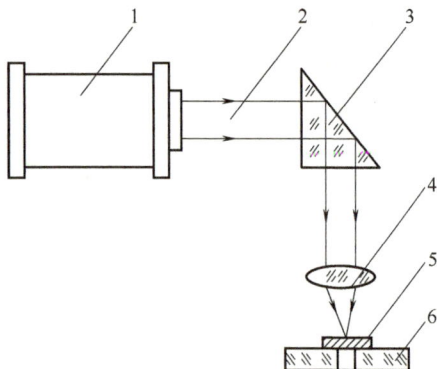

图 1-11　激光切割机原理图
1—激光器　2—激光束　3—全反射棱镜
4—聚焦物镜　5—工件　6—工作台

图 1-12　激光切割机

3. 特点

1）几乎对所有的金属和非金属材料都可以进行激光加工。

2）激光能聚焦成极小的光斑，可进行微细和精密加工，如微细窄缝和微型孔的加工。

3）可用反射镜将激光束送往远离激光器的隔离室或其他地点进行加工。

4）加工时不需用刀具，属于非接触加工，无机械加工变形。

5）无须加工工具和特殊环境，便于自动控制连续加工，加工效率高，切割面光滑平整，加工变形和热变形小，如图1-13所示。

图 1-13　激光切割面光滑平整

4. 应用

激光切割机是一种利用高能激光束对材料间隙切割、雕刻和打孔的设备，因其切割精度高、速度高、切口质量好、自动化程度高等特点，被广泛应用于金属加工、汽车制造、新能源、航空航天、电子电器等行业，主要用于切割不锈钢、碳素钢、铝、铜等金属板材和管材。

在工业制造系统占有重要地位的金属加工业，对于金属材料，无论其硬度多高，都可以使用激光切割机进行无变形切割。在汽车制造领域，小汽车顶窗等空间曲线的激光切割技术已获得广泛应用。在航空航天领域，激光切割技术主要用于特种航空材料的切割，如钛合金、铝合金、镍合金、铬合金、不锈钢、氧化铍、复合材料等。激光切割技术在非金属材料领域也有着较为广泛的应用。激光切割不仅可以切割硬度高、脆性大的材料，如氮化硅、陶瓷、石英等，还能切割加工柔性材料，如布料、纸张、塑料板、橡胶等，如用激光进行服装剪裁，可节约衣料10%~12%，提高功效3倍以上。

下面以加工齿轮为例进行说明。齿轮加工图样如图1-14所示。

（1）工件描述　材质：Q235，厚度：3mm，尺寸：1500mm×1000mm。要求：将钢板切割成如图1-14所示的形状，切割面平整，边缘光滑，误差值在0.02mm以内。

（2）切割过程　开始切割工作之前，要检查激光切割机是否完好无损，确保所有部件都完好无损并处于良好状态，所有电缆、气管和连接件都完好无损并正确连接。通过激光切割操作面板（见图1-15）设置适当的切割参数（见表1-3）。将材料放置在切割机的工作台上，根据需要将其调整到适宜切割的位置。开启激光切割机的电源和控制系统，并开始切割过程。

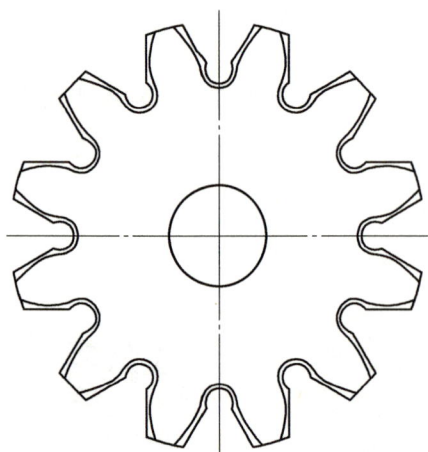

图 1-14　加工图样

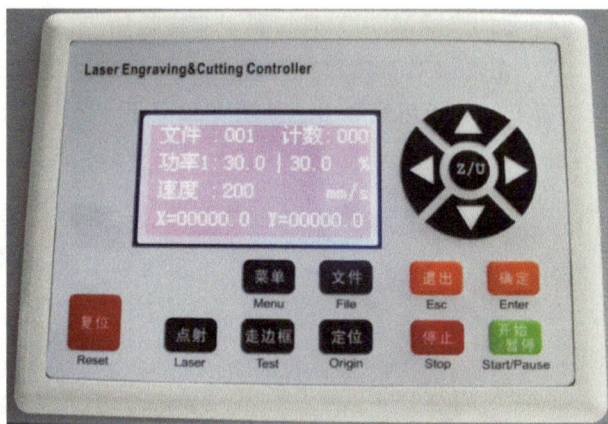

图 1-15　激光切割操作面板

表 1-3　1500W 激光切割参考参数表

钢板厚度 /mm	切割速度 /（m/min）	气压 /MPa	喷嘴直径 /mm	切割焦点 /mm	切割高度 /mm
0.8	30	1	1.5	0	1
1	20	1	1.5	0	1
2	5	0.2	1.2	3	0.8
3	3.6	0.06	1.2	3	0.8
4	2.5	0.06	1.2	3	0.8
5	1.8	0.06	1.2	3	0.8
6	1.4	0.06	1.5	3	0.8
8	1.2	0.06	1.5	3	0.8
10	1	0.06	2.0	2.5	0.5
12	0.8	0.06	2.5	2.5	0.5
14	0.65	0.06	3.0	2.5	0.5

（3）影响激光切割截面质量的主要因素

1）激光功率。激光功率决定了激光束的能量密度，激光功率越高，切割速度越快，但同时也会增加切割缝宽度。

2）光斑直径。指激光束在切割点上的直径大小。较小的光斑直径可以提高切割精度，但会降低切割速度。

3）切割速度。指激光切割机在单位时间内能够切割的长度。切割速度的选择要根据材料的性质和切割质量要求进行调整。

4）激光光束质量。指激光束的聚焦能力和光斑形状。较好的激光光束质量可以提高切割精度和保证切口整齐。

5）气体类型。激光切割机通常使用辅助气体来吹散熔融的材料。针对不同的切割材料选择适合的切割气体，才能切割出质量好的产品。

（4）常见问题及解决措施

1）切口面粗糙。可以通过降低焦点、减小气压、增加进给速率、冷却材料的方法使切口面平滑。

2）底部切口变宽。可以通过减小进给速率、增加激光功率、加大气压、降低焦点的方法使切口宽度保持一致。

3）未切透。可以通过更换加工气体如氧气、减小进给速率、增加激光功率的方法来解决。

三、数控剪板机

1. 工作原理

数控剪板机是指通过由数字、文字和符号组成的数字指令来控制设备动作的剪板机。数控剪板机的工作原理如图 1-16 所示。

2. 性能

数控剪板机如图 1-17 所示，其性能主要包括以下几个方面。

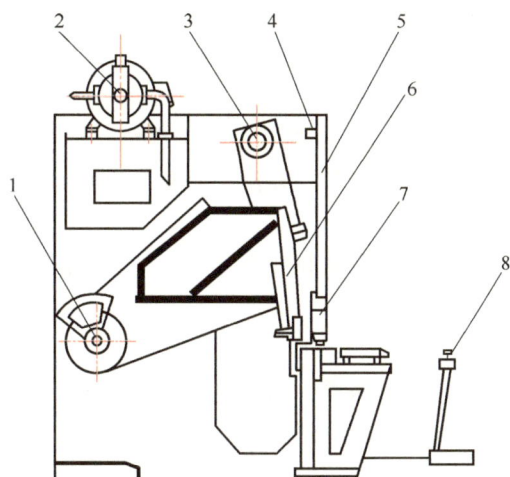

图 1-16　数控剪板机的工作原理

1—间隙调整装置　2—液压系统　3—液压缸　4—对线灯
5—机架　6—刀架　7—压料脚　8—电气系统

图 1-17　数控剪板机

（1）剪切精度　数控剪板机剪切过程中能够确保板材按照预设的尺寸和形状进行高精度剪切，误差在 ±0.5mm 以内，对复杂的图案和形状也能精准剪切，并能够能获得较高精度的剪切样。

（2）剪切速度　数控剪板机的工作速度较快，能显著提高生产率，减少加工时间。

（3）自动化程度　数控剪板机可以实现自动化操作，通过编程输入剪切参数后，机器可以自动完成整个剪切过程，减少人工操作，降低劳动强度。

（4）适应性和灵活性　数控剪板机能够控制多种机械量，如后挡料行程、剪切角度、刀片间隙、剪切行程等，适用于不同的剪切需求。这使得数控剪板机在处理不同尺寸和形状的板材时表现出较高的灵活性和适应性。

（5）动力和效率　数控剪板机通常配备有大功率的电动机和优化的传动系统，能够实现高效率的剪切操作。

3. 特点

（1）高效、精准和智能化　数控剪板机通过数字、文字和符号组成的数字指令来控制剪板机或多台剪板机设备的动作。这种技术使得剪板机设备的效率和精度得到了极大的提升。

（2）高精度　与传统的剪板机相比，高精度剪板机采用先进的控制系统和传动系统，能够实现高精度的剪切，误差在 0.1mm 以内。

（3）自动化程度高　采用数控系统进行控制，减少人工干预，提高生产率。

（4）适用范围广　适用于各种不同材料和厚度的板材，如金属、塑料、玻璃等，满足不同行业和用户的需求。

（5）结构特点　采用钢板焊接结构，液压传动，蓄能器回程，操作方便，性能可靠，外形美观。

（6）安全保护装置　采用栅栏式人身安全保护装置，防护栅与电气连锁，确保操作安全。

（7）刃口间隙调整　调整轻便迅速，设有灯光对线装置，并能无级调节上刀架的行程量。

（8）闭环控制系统　CNC 数控系统与位置编码器组成闭环控制系统，速度快，精度高，稳定性好，能精确地保证后挡料位移尺寸精度，同时数控系统具有补偿功能及自动检测等多种附加功能。

综上所述，数控剪板机以其高效率、高精度、自动化程度高和安全可靠等特点，在制造业领域得到了广泛应用。

4. 应用

数控剪板机主要用于加工各种金属材料，如钢板、不锈钢板、铝板等，这些材料经过精确剪切后，成为制作金属制品如家具、机械设备、汽车部件以及建筑物结构的零部件。数控剪板机的操作面板如图 1-18 所示。

（1）数控剪板机在不同行业的应用

1）在机械设备制造领域，数控剪板机用于制作各种机械部件，如剪切出精准且平整的金属板作为机器底座；根据机械外壳设计要求，剪切出特定形状和尺寸的金属板。

2）在汽车制造业中，数控剪板机用于生产汽车零部件，如车身覆盖件，包括车门、引擎盖等；底盘部件，包括悬挂系统、车架等。

（2）影响数控剪板机加工质量的因素

1）上、下刀片间隙。间隙太小，会使剪切力增加，同时会增加刃口与板边的摩擦，加速刃口的磨损；间隙太大，会使塑性材质的钢板产生毛刺，脆性材质的钢板断口粗糙。

2）机身与刀架刚性。剪切过程中的机身变形和刀架变形会导致刀片间隙变大，并且会使得被剪切工件断面质量

图 1-18　数控剪板机操作面板

变差，毛刺增加。

3）送料与托料机构。自动控制的送料和托料机构对工件精度的影响很大。送料机构自身的 X/Y 精度对工件精度有直接的影响；托料机构则是为了防止因被剪切板料下垂，而使长方形的工件被剪成梯形。

（3）常见问题及解决措施

1）切割面不平整。确保刀片完好，无松动或倾斜情况；根据材料的材质和厚度，选择适当的切割压力，就可以加工出切割面平整的工件。

2）切割尺寸不准确。重新对数控系统进行校准，确保输入参数与实际加工尺寸一致；根据材料厚度调整刀片间隙，保证切割精度。

3）刀片磨损较快。根据加工材料的材质和厚度，选择合适的刀片；降低切割速度，减少刀片的磨损。

▶ 第二节　　成　　形

金属板材下料后，需要进行成形加工，用于成形加工的设备主要有数控卷板机、数控折边机和数控压力机等。

一　数控卷板机

1. 工作原理

数控卷板机基本组成如图 1-19 所示，其工作原理是根据输入的加工程序，通过数控系统控制气动或液压控制系统操作电动机，控制卷板机的各个运动轴来实现板材的逐步弯曲成形。

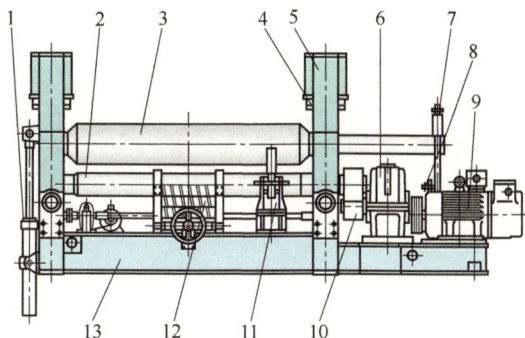

图 1-19　数控卷板机基本组成

1—翻倒机架　2—下辊　3—上辊　4—上辊液压缸　5—固定机架　6—减速器
7—平衡装置　8—液力推杆制动器　9—主电动机　10—开尺大齿轮　11—卷锥装置
12—托辊装置　13—底座

2. 性能

1）大型上辊全能式数控卷板机，能够做到高精度端部预弯，接连曲折无后角。

2）中小型上辊全能式数控卷板机，可轻松卷制出 O 形、U 形、多段 R 形等多种形状。

3）机械三辊非对称式数控卷板机，上辊主传动，下辊垂直升降，边辊倾斜升降，具有预弯与卷圆两层种功能。

4）液压式三辊对称数控卷板机则通过液压传动实现上辊的垂直升降，下辊旋转驱动，适用于超长标准各种截面形状罐。

图 1-20 所示为数控卷板机外形。

3. 特点

（1）控制精准　通过数控系统，能够精确控制板材的卷制参数，包括板材的弯曲角度、曲率半径以及板材之间的间隙等。

（2）生产率高　自动化程度高，能够实现板材的自动送料、定位、卷制以及卸料等全过程。操作人员只需通过简单的操作界面，就能够实现对设备的精准控制。这种自动化生产方式大大减少了人工操作的环节，提高了生产率。

（3）材料适应性强　它能够加工多种材质的板材，包括不锈钢、碳钢、合金钢等。

图 1-20　数控卷板机

（4）操作便捷　其操作界面设计直观易懂，如图 1-21 所示，操作人员能够轻松上手。

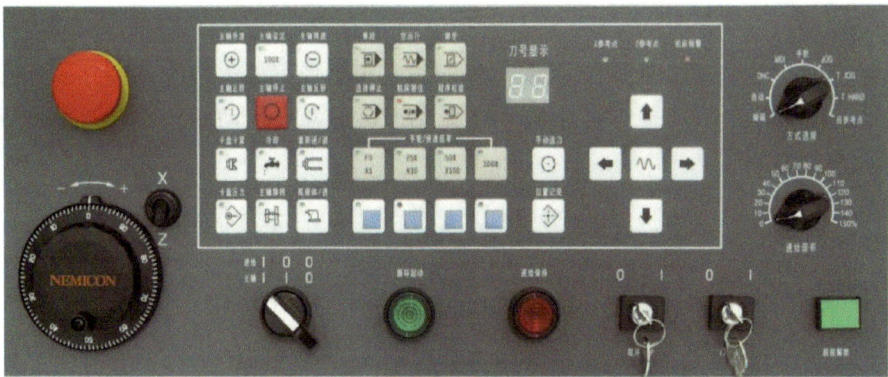

图 1-21　数控卷板机控制面板

4. 应用

数控卷板机应用十分广泛，可用于造船、化工、锅炉、水电、压力容器、制药、冶金、造纸、电力、食品加工等领域。此外，数控卷板机不只局限于单一加工功能，而是已形成套化配置。下面以加工风电塔筒为例进行说明。风电塔筒的外形如图 1-22 所示。

（1）加工过程　在开始加工之前，要明确技术参数（见表 1-4）和加工精度要求（见表 1-5），确保加工过程符合设计要求。还要对机器进行调试，确保卷板机在加工过程中能够稳定运行，达到预期的加工精度和质量要求。调试完成后，开始进行板材的卷制工作。根据设计图的要求，将钢板放置在卷板机上，通过数控系统控制卷板机的动作，使钢板逐渐弯曲成所需的形状。卷制完成的板材需要进行焊缝连接。

图 1-22　风电塔筒

表 1-4　风电塔筒技术参数

材质	低合金结构钢
板厚/mm	50~220
最大直径/mm	4000~12000
最大板宽/mm	3500
整体最大高度/mm	10300
筒体最大质量/kg	1750

表 1-5　风电塔筒加工精度要求　（单位：mm）

圆弧样板圆度允许偏差	≤1
对接间隙	0~2
纵焊缝错变量允许偏差	0~1
断面错口量允许偏差	0~0.15

（2）常见问题及解决措施

1）筒体下陷　对于加工尺寸较大的工件，可以设置上支撑和侧支撑，以解决筒体下陷问题。上支撑安装在卷板机的上工作辊的上端，上支撑活动支架可根据需要上、下移动，托住筒体上端，避免因自重而引起变形下陷；侧支撑安装在机器的前后两侧，可上、下摆动，工作时托住筒体下端，以保证筒体具有较好的圆度。

2）筒体错边　根据工件特点设置纠偏装置，安装在侧支撑上，可夹住工件，在上支撑和侧支撑的配合作用下，对齐工件两端接口，实现纠偏。

3）钢板厚度超出冷卷要求　可以在板料冷卷后进行热处理。

二、数控折边机

1. 工作原理

数控折边机基本组成如图 1-23 所示，它是通过电动机带动上夹紧滑块压紧工件，折边滑块由下向上旋转 90°~140°，带动板材折弯成型。

2. 性能

1）数控折边机如图 1-24 所示，可以自动完成折边及相关操作，不需要人工干预，从而大大提高了生产率。使用数控折边机可以有效减少人工错误和浪费，提高加工的精度。

2）采用计算机数控系统，可以实现精准控制折叠机械臂的运动轨迹和速度，确保每个产品的质量一致。

3）液压传动系统操作安全，间隙调节机构快速灵活。

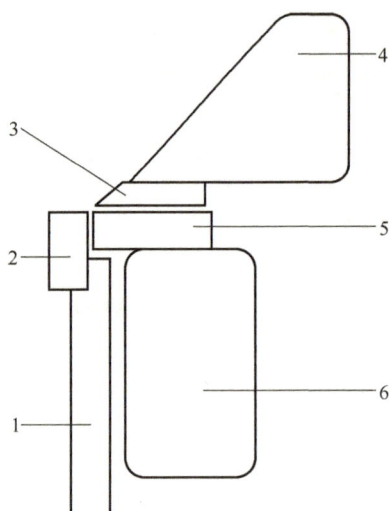

图 1-23   数控折边机基本组成

1—折边滑块   2—折边轨   3—上滑轨
4—夹紧滑块   5—下滑轨   6—下滑块

图 1-24   数控折边机

3. 特点

（1）减小劳动强度   操作省力、产品折弯不受人为影响。

（2）无须更换模具   在工件材质、厚度发生变化时不需要对模具进行更换。

（3）可以折痕折弯   对不锈钢、铝板表面要求高的敏感材质可以做到无痕折弯。

（4）尺寸精度一致   每次折边角度一致性好，所生产的工件误差小。

4. 应用

数控折边机主要应用在大重型板材、表面要求无损伤、尺寸和角度精度要求高的生产当中。下面以加工风阀阀体为例进行说明。风阀阀体的外形如图 1-25 所示。

（1）加工过程   将待加工工件放置到操作平台上，然后输入加工工艺参数（包括工件尺寸、材料厚度、折弯角度和折弯方式等），最后通过数控程序，完成加工。

（2）常见问题及解决措施

1）折边不精确。定期检查设备精度，确保设备处于良好状态，合理设置程序参数，保证折边的精确度。

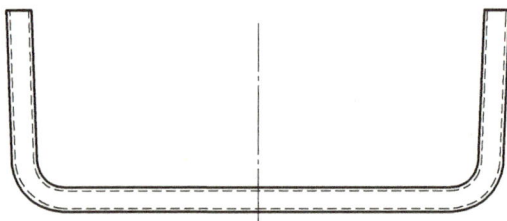

图 1-25   风阀阀体

2）材料滑移。适当增加夹持力，确保材料在加工过程中不会移动；合理控制折边速度，避免速度过快导致材料滑移。

3）折边开裂。优化折边顺序，减少材料的应力和变形；使用润滑剂和冷却液，降低折边过程中的摩擦和产生的热量。

三、数控压力机

1. 工作原理

数控压力机工作时，通过伺服控制系统向电动机发出指令，电动机起动带动飞轮使螺杆做旋转运动，而后由旋转运动变为上下往复运动，完成打击动作，打击力度、速度、次数等都通过数字化程序精确控，如图1-26所示。

2. 性能

数控压力机是一种采用计算机数字控制技术的高精度压力设备，如图1-27所示，其性能主要有以下几个方面。

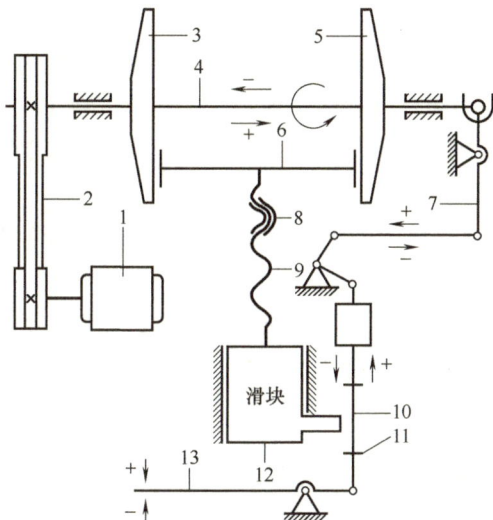

图 1-26 数控压力机工作原理
1—电动机 2—传动带 3、4、5—摩擦盘
6—飞轮 7、10—连杆 8—螺母
9—螺杆 11—挡块 12—滑块 13—手柄

图 1-27 数控压力机

（1）自动化程度高 数控压力机通过编程可以实现自动化生产，减少人工干预，提高生产率。

（2）加工精度高 采用高精度伺服电动机和精密传动系统，定位准确，重复定位精度高，能够满足复杂零件的加工要求。

（3）生产率高 数控压力机能够快速完成模具的更换，减少调整时间，提高生产率。

（4）适应性强 可以加工多种不同形状和尺寸的工件，适用于多种材料，具有广泛的适应性。

（5）稳定性好 机械结构设计合理，关键部件采用高可靠性元件，确保长时间稳定运行。

（6）安全性能好 配备有各种安全保护装置，如紧急停止按钮、安全光栅等，确保操作人员安全。

3. 特点

（1）节省人力 由于自动化程度高，操作数控压力机所需的工人数量相对较少，降低了人工成本。

（2）易于管理　数控压力机可以通过计算机进行集中管理，方便生产数据的收集、处理和分析，有助于提升管理水平。

（3）节能环保　数控压力机在提高生产率的同时，相比传统机械，能更加有效地利用能源，减少能源消耗。

（4）智能化程度高　现代数控压力机可以与智能制造系统相连，实现生产过程的智能监控和管理，是工业化与信息化融合的典型应用。

综上所述，数控压力机是现代制造业中非常重要的设备，它不仅提高了生产率和产品质量，而且有助于企业实现生产自动化和智能化，是提升制造业竞争力的关键装备。

4. 应用

数控压力机是一种采用数控技术的压力加工设备。它通过计算机编程控制，实现高精度、高效率的金属或其他材料的成型加工。数控压力机在现代制造业中，广泛地应用于汽车制造、航空航天、电子电器、五金制品等产品的冲压成型。下面以制造汽车发动机支架为例进行说明。汽车发动机支架如图1-28所示。

（1）加工过程　首先，根据汽车发动机支架的形状、尺寸和性能要求，进行设计并制作模具，模具将决定最终产品的形状和质量。按照使用要求选择符合要求的材料，将准备好的材料放入工作区域。根据设计要求，通过数控压力机控制面板（见图1-29），设置相关参数，如冲压深度、冲压速度、保压时间等。起动机器，开始加工。在加工过程中，数控压力机会根据预设的参数进行冲压和成型操作。

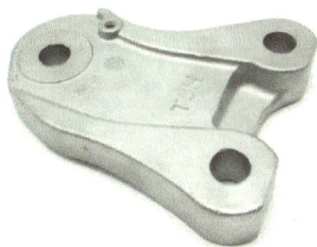

图1-28　汽车发动机支架

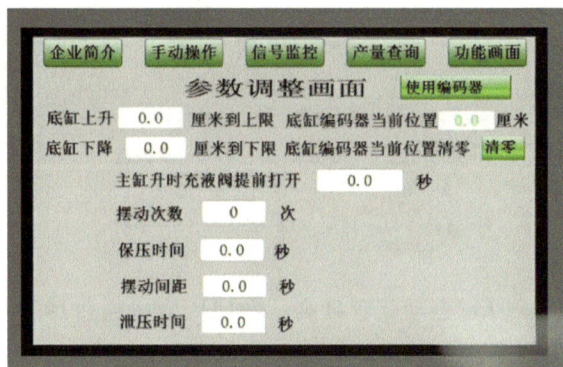

图1-29　数控压力机控制面板

（2）常见问题及解决措施

1）压力不稳定。可以通过检查液压或气动系统，确保压力源稳定；检查并调整压力传感器，确保其读数准确，保证压力稳定。

2）位置精度差。检查伺服电动机和驱动器运行是否正常；清洗或更换编码器，确保位置准确；对数控系统进行校准，提高位置精度。

3）动作不协调。检查并调整PLC程序，确保各个动作之间的逻辑关系和时序关系正确；检查并调整电磁阀和气缸，确保工作时动作同步。

▶ 第三节　下料、成形质量与编程

一、下料、成形设备选用原则

（1）技术上先进　选用设备时，首先要了解加工材料的性能、特点及加工件的质量要求，根据企业应用机器人焊接生产实际需求，尽量选用先进的下料、成形设备。

（2）经济上合理　根据产品下料、成形技术要求，对多种切割、成形方法进行对比，择优选择经济上最合理的切割、成形方法，在保证质量、效率、生产节拍，并符合机器人焊接具体的产品对切割下料、压制成型加工精度前提下，选用经济实用的设备。

（3）操作安全　在焊件下料、成形过程中，根据设备运行监控的要求，要对使用设备的多种安全策略进行对比，所选设备应具备完善的安全保护措施，如过载保护、过热保护、紧急停机等功能，以确保操作人员的安全。

（4）运行节能　低能耗可以为企业带来更多的效益，选择切割下料、压制成形设备时，要根据机器人焊接产品的要求，优先选择能耗低的设备，降低生产成本，实现绿色生产。

（5）使用环保　要选择环保性好的加工设备，在满足机器人焊接产品的要求时，要尽量选用噪声低、振动小的设备，以减轻对周围环境的影响，同时减少废气、废渣等污染物的排放，达到环保标准。

二、下料质量对焊接预编程序文件的影响

应用机器人焊接，必须根据焊接件的结构特征、接头形式、焊接特点、技术要求，运用焊接理论及工艺知识规划焊接轨迹、选用合适的焊接参数等进行编程，并通过焊接调试、优化，获得符合焊接质量要求的程序文件，才能用于焊接生产。因此，焊件零部件下料尺寸必须一致，才能满足机器人焊接要求。若下料尺寸出现不一致，则会产生装配间隙，造成编程时设定的机器人移动轨迹发生偏移，使预编程时选用的焊接参数在焊接过程中出现电弧不稳定，不能正常焊接，从而造成焊后焊接质量达不到要求。因此，需要学习和了解下料质量的影响因素及防止措施，减少其对机器人焊接预编程序文件的影响，以提高机器人焊接的焊接质量。

1. 下料质量的影响因素

（1）下料设备选用不正确　图 1-30a 所示为机器人焊接职业技能竞赛用试件。一般地，试件零部件下料普遍选用等离子弧切割，切割的截面倾斜度约为 6°，如设备陈旧或操作不当，使试件零部件的切割截面倾斜度发生变化，则会引起零件装配时产生较大间隙，如图 1-30b 所示，造成每次装配试件时间隙不一致，如图 1-30c 所示，从而造成每次编程时都要修改左、右摆弧及焊接参数，如图 1-31 所示。因此，下料选用设备不正确是影响下料质量的主要因素，其不但增加编程难度，而且消耗大量材料、时间，增大成本，影响编程效果。

（2）下料设备操作不熟练　电力长距离传输依靠铁塔，塔脚是铁塔的重要部件，需求量大，因此，电力铁塔行业有不少企业生产塔脚。为了提高产品质量和生产率，降低成本，有部分企业采用机器人焊接，在应用机器人焊接过程中，发现塔脚焊接质量达不到要求，经

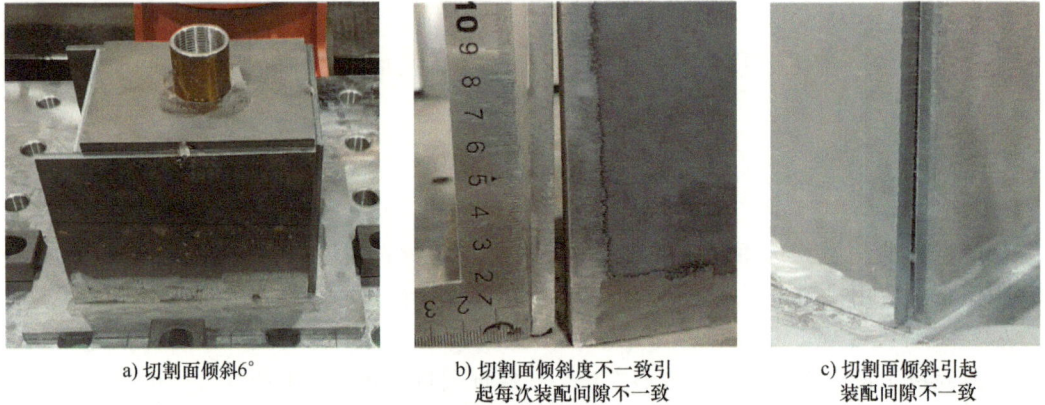

a) 切割面倾斜6°   b) 切割面倾斜度不一致引   c) 切割面倾斜引起
起每次装配间隙不一致   装配间隙不一致

图1-30   切割面倾斜组装产生间隙

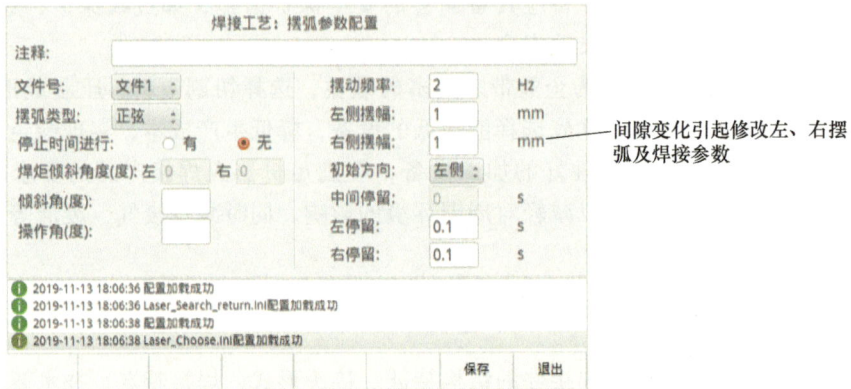

间隙变化引起修改左、右摆
弧及焊接参数

图1-31   编程设定摆弧参数

分析得知，这是由操作者对数控火焰切割的设备精度、割炬与工件相对位置、切割工艺参数、材料厚度等了解不够，造成操作设备不熟练所导致。主、副筋板在切割下料时，质量不稳定，普遍存在不垂直，使装配后引起间隙大小不一致，如图1-32所示，造成按照编程设置的焊接参数不能正常焊接，如图1-33所示，焊后达不到焊接质量要求，致使操作人员要

副筋板   副筋板

下料切割不垂直
引起装配间隙大
小不一致   主筋板

图1-32   切割不垂直产生间隙

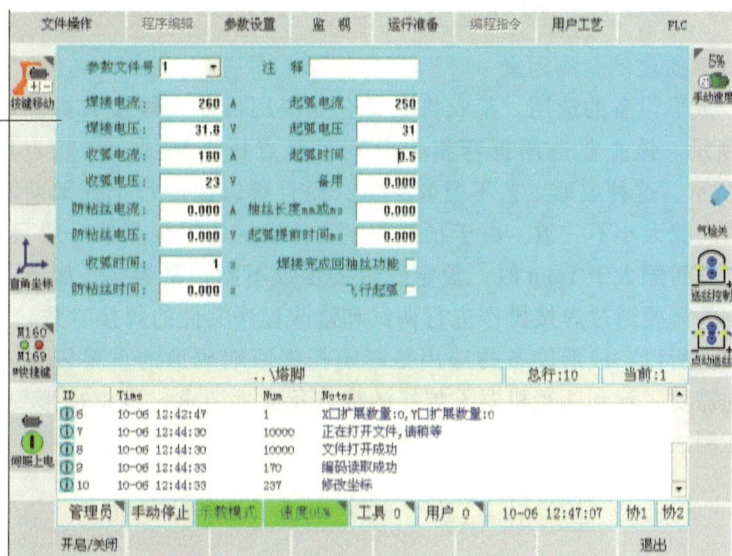

左侧标注文字：下料切割不垂直引起装配间隙大小不一致，影响设定的焊接参数正常焊接

图 1-33 塔脚焊接程序文件

花大量时间反复编程，修改程序文件的焊接参数，大大地影响了生产效率。因此，操作设备不熟练是影响下料的主要因素。

（3）钢材运输、堆放引起的变形

1）钢材装车放置不正确，运输过程易产生变形。

2）钢材在仓库堆叠存放时，垫板放置不正确易引起变形。

钢材运输及堆放不正确，下料前若不进行矫正，钢板变形处切割下料的零件，其切割面倾斜不垂直，在装配过程产生的间隙，将影响编程预设的焊接参数，在焊接过程不能正常焊接，焊后质量达不到要求，因此，钢材运输过程及堆放不正确产生的变形是影响下料质量的因素。

2. 下料质量控制的措施

1）下料设备应根据零件加工要求及下料设备选用原则合理选择，以提高下料质量、减小对编程的影响。

2）必须加强对操作下料设备人员进行技能培训，提高其操作技能，提高下料质量，减小对预编焊接程序文件的影响。

3）对钢材运输、堆叠存放引起的变形，在切割下料前，需用钢板矫直机进行矫平直。

4）钢板堆放时，必须按钢板堆放要求进行，保证地面平整，垫木规格尺寸合适、数量足够、分布均匀，以确保钢板在堆放过程中保持平整和稳固。

3. 防止下料影响编程的措施

1）选用激光切割下料，以减少切割截面不垂直对装配的影响。

2）对垂直度要求高的零部件，如电力铁塔和农机零部件，其下料垂直度不允许有偏差，应采用高精度激光切割，下料后严格检测工件的垂直度及相关尺寸，确保每个零部件均满足装配要求。

三、 成形质量对机器人焊接预编程序文件的影响

1. 成形质量的影响因素

（1）成形设备的选用 某农机装备企业应用机器人焊接农机件，其中托架两端成形如图 1-34 所示。该企业选用折弯机先分别反复点压半圆弧，然后点压 45°角两端成形，如图 1-35 所示。这种成形工艺不但效率低，而且难以保证每个托架两端成形一致，造成装配后产生的间隙大小不一致。由于预编程序文件设定的焊接参数一般只能满足 0~0.5mm 的装配间隙，当间隙大于 1mm 时，设定的焊接参数不能正常焊接，因此，需要花费大量时间反复编程，并需要通过焊接操作进行调试和修改程序文件的焊接参数，使劳动强度、生产效率受到影响。所以，成形设备的选用是影响托架两端成形的重要因素。为了提高焊件成形质量，首先需要了解和熟悉机器人焊接的特点及成形要求，根据成形要求正确选用成形设备，以确保压制成形质量。

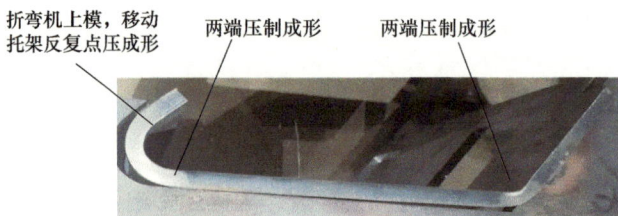

图 1-34　农机件的托架两端成形

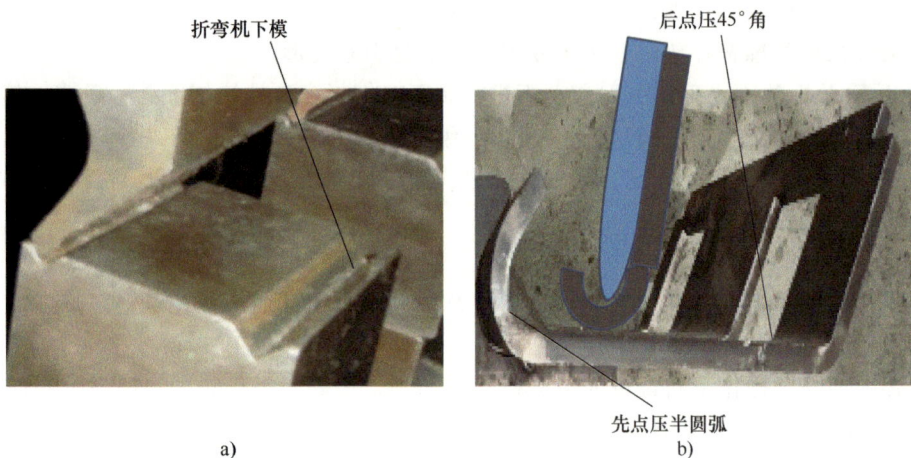

a)　　　　　　　　　　　　　　　　　b)

图 1-35　折弯机点压两端成形

（2）材料回弹 电杆抱箍是输电线路应用量非常大的产品，在实际生产中主要选用带钢，将其压制成半圆形状，但是在压制成形后经常出现成形不一致的情况，经分析得知是使用了不同厂家生产的带钢所致。不同厂家生产的带钢回弹量不一致，如图 1-36a 所示。若抱箍压制成形后回弹量大，筋板与抱箍装配后产生的间隙就大，如图 1-36b 所示，则不利于机器人焊接，这是因为编程预设定的焊接参数，不能随着间隙变化自动调整焊接参数进行焊接，这将明显影响焊接过程的稳定，焊后易产生气孔等缺陷，并引起电镀后生锈，如

图 1-36c 所示。因此，为了防止材料回弹影响压制成形产生的变形，必须对每一批材料进行检测，对不符合要求的，需调整成形模，控制变形量，符合要求后才能用于机器人焊接。

a) 不同厂家的带钢制造的抱箍回弹不一致   b) 回弹大造成间隙大   c) 焊接缺陷引起电镀后生锈

图 1-36   材料回弹

2. 控制成形质量，减小对预编设定焊接参数影响的措施

（1）折弯成形   对于样品或少量产品生产，建议采用点压折弯方式，配合材料预处理和逐步折弯，以减少变形。而在批量生产时，应优先使用冲压方法，以确保零件尺寸的一致性和焊接质量，从而提高生产率，减少人为误差。

（2）成形回弹

1）焊前必须对不同生产厂家或同一厂家不同炉批号的试件，进行压制后检测回弹引起的变形，对不符合要求的，调整成形模，直至压制检测成形后的变形符合要求后才能用于生产。

2）为确保产品成形稳定与品质，应根据材料回弹特性，进行二次校形以提升精度。使用弹性垫片和球面模具或控制成形速度，可有效减少回弹现象。

3）模具检查   当使用冲压模具批量生产时，模具经过多次使用后，需对其进行细致的检查，对磨损部位及时修复，以确保其持续保持高精度和稳定性。

冲压成形

▶ 第四节   装   配

装配是将加工好的零、部件，放置在平台上，采用适当的工艺方法，按生产图样要求的位置、尺寸组装成产品的工艺过程。装配是机器人焊接工艺的重要工序，批量大的焊接产品装配，主要是在机器人工作平台上安装相应的工夹具，将各零件分别放置在相应的位置装夹固定后进行焊接。批量小及种类单一的焊接产品的装配，主要是在机器人工作平台上划线定位，或安装相应的定位器和夹紧器。装配时，分别将不同零件放置在相应装配位置进行校正装焊。本节主要介绍在机器人工作平台上划线定位及安装相应的定位器和夹紧器。

一、划线定位及安装相应的定位器和夹紧器

机器人焊接试件的定位、装配，主要采用划线定位装配法，为了提高装配精度，应配置相应的定位器。装配时，将定位器分别放置在相应零件的定位线上，并逐个校正、装焊成整体。

1. 划线定位的影响因素

（1）划线用工具   机器人焊接试件选用石笔划装配定位线，划出的线条粗，在装配校

对定位线时容易出现偏差，影响装配质量。

（2）定位器　装配定位选用接触面小的定位器，装配时试件易产生左右摆动，会影响操作校对，导致工件偏离定位线，如图1-37所示。

图 1-37　校对定位线

2. 装配的影响因素

装配顺序是影响装配质量的主要因素之一。如图1-38所示，按照这个装备顺序进行装配后，试件相关焊缝会产生不同的间隙，如图1-38⑧所示。

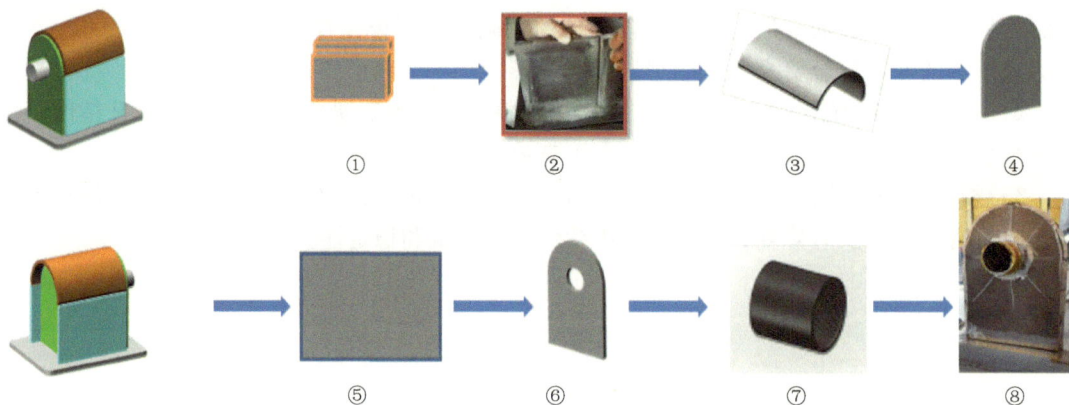

① ② ③ ④

⑤ ⑥ ⑦ ⑧

图 1-38　装配顺序

3. 定位焊缝的影响因素

（1）定位焊缝过短　试件装配时需要进行定位焊，若定位焊缝过短，则强度低，在焊接应力作用下定位焊缝将会产生裂纹，从而引起装配间隙增大。

（2）定位焊缝选用焊接参数不合适

试件装配时，若选用的焊接参数过小，则容易产生未熔合，在焊接过程中会产生变形而引起焊缝间隙增大。

以上定位、装配和定位焊的影响因素，主要会造成试件的组对装配时产生焊缝间隙，并且大小不一，较大的焊缝间隙会增加示教难度，影响整体编程焊接时选用合适的焊接参数。

二、 电力铁塔塔脚装配

电力铁塔塔脚需要根据地形及应用场景非标定制，产品品种多，每一品种基本是单件或小批量生产。因此，生产厂家的塔脚装配普遍采用划线定位或安装相应的定位、夹紧器装配。传统的塔脚装配过程为：①分别将塔脚底板、主筋板放置在平台上；②在底板平面按照图样划出主、副筋板装配定位线；③将装配定位角钢与主筋板、副筋板的装配孔与钉校正并定位焊；④将装焊的筋板移至底板的装配定位线进行校正定位焊。

这种传统的装配方法难以满足机器人焊接要求的装配间隙。下面分析塔脚装配过程中影响编程的因素及防止措施。

1. 划线定位的影响因素

塔脚底板平面上使用石笔、钢尺划主、副筋板装配定位线，如图 1-39 所示。定位线条粗，筋板装配时易产生偏差。

2. 主筋板、副筋板定位装配的影响因素

主筋板、副筋板采用装配角钢定位装配，如图 1-40 所示。主筋板、副筋板装配过程为：将主筋板放置在工作平台上，然后将连接装配角钢的定位模放置在主筋板上，再将副筋板垂直放置在主筋板上，通过连接装配角钢定位模的连接孔与主、副筋板的连接孔校正后进行定位焊。这种装配，只能保证连接装配角钢定位模的连接孔与主、副筋板的连接准确，但没有考虑主、副筋板之间及主、副筋与底板之间的装配间隙问题，因此容易引起主筋板、副筋板及后续与底板装配时间隙不一致。

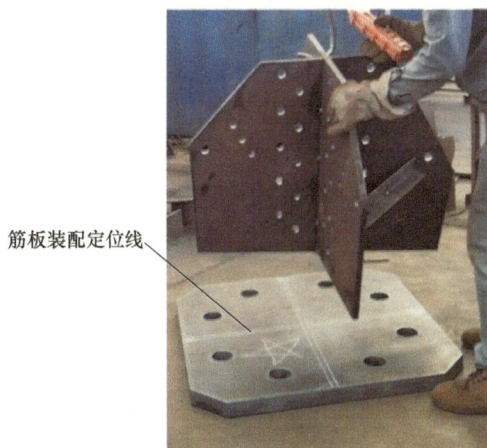

筋板装配定位线

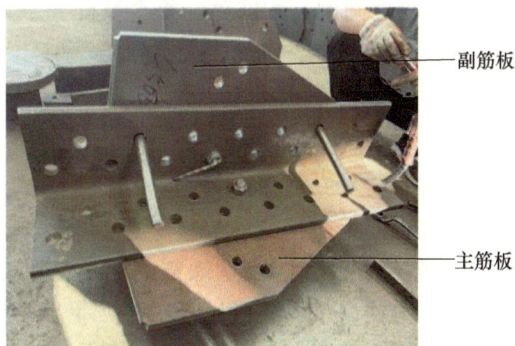

副筋板

主筋板

图 1-39 筋板装配定位线   图 1-40 主筋板、副筋板定位装配

3. 主筋板、副筋板装配

将筋板移至底板的筋板装配定位线处进行校正装配并进行定位焊，如图 1-41a 所示。装焊后普遍出现间隙大小不一致，如图 1-41b 所示。

通过以上装配过程分析可知，影响筋板装配的主要因素是：主筋板、副筋板采用装配角钢定位装配，这种传统简单的装配，只考虑了筋板连接孔准确，而没有考虑筋板与底板、主筋板与副筋板的装配间隙，因此，直接影响机器人的焊接质量、效率和成本。

三、措施

1）划主、副筋板装配定位线应选用划针，划线精度要求为 0.25mm。

2）主筋板、副筋板定位装配时注意以下几点。

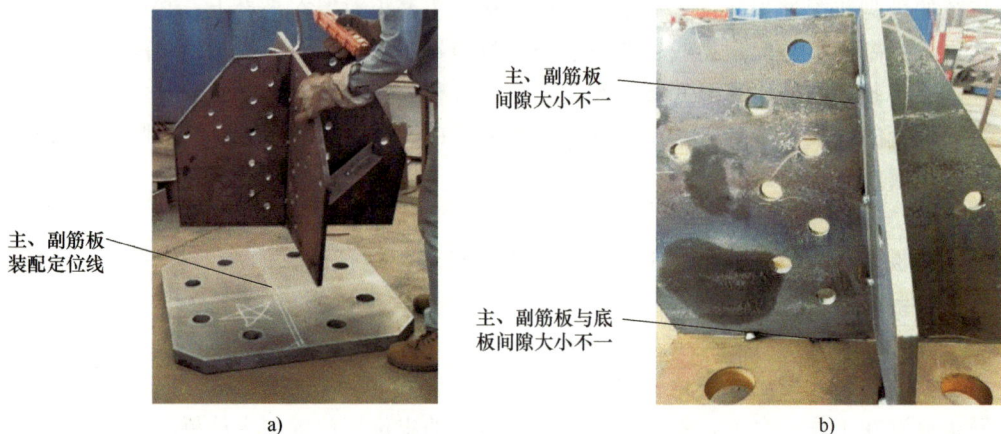

图 1-41　筋板装配定位线校正装配并定位焊

① 主筋板、副筋板选用激光切割及开孔，以减小装配间隙，提高装配精度。

② 装配平台增设主、副筋板定位器，在与连接装配角钢定位模配合装配时，将已划好主、副筋板装配定位线的底板放置于装配平台上，将对应的定位器分别放置在主、副筋板装配定位线上并校正，将主、副筋板垂直放置于底板上并使用对应的定位器进行校正定位，将连接装配角钢定位模紧贴主、副筋板，校正连接装配孔的同时调整主、副筋板之间及底板与主、副筋板之间的装配间隙，符合装配要求后再进行定位焊。

复习思考题

一、选择题

1. 在机器人焊接试件的装配过程中，划线工具应选用（　　　）。

A. 铅笔　　　　　　B. 圆珠笔　　　　　　C. 石笔　　　　　　D. 划针

2. 电力铁塔塔脚装配过程中，产生装配间隙大小不一致的主要原因是（　　　）。

A. 划线精度不够

B. 定位器选用不当

C. 连接装配角钢定位模未考虑后续装配

D. 焊接参数不合适

3. 下列哪项措施能有效提高电力铁塔塔脚装配的精度和效率？（　　　）

A. 改用普通钢尺划线　　　　　　B. 增加焊接强度

C. 选用高精度激光切割和开孔　　D. 增加定位焊缝长度

二、判断题

1. 在机器人焊接试件的装配中，划线工具的选择对装配精度有重要影响。　（　　　）

2. 电力铁塔塔脚装配过程中采用连接装配角钢定位模可以有效防止装配间隙的产生。

（　　　）

3. 激光切割和开孔技术的应用可以减小电力铁塔塔脚装配的间隙，提高装配精度。

（　　　）

三、简答题

1. 简述提高电力铁塔塔脚装配精度的两种主要措施。
2. 描述电力铁塔塔脚装配中连接装配角钢定位模的局限性。
3. 为什么电力铁塔塔脚装配中采用激光切割和开孔能提高装配精度？

【榜样的力量】

机器人专家：蒋新松

蒋新松，机器人专家，战略科学家，1994年5月当选为中国工程院首批院士，生前系中国科学院沈阳自动化研究所所长、研究员、博士生导师，国家高技术研究发展计划自动化领域首席科学家。他牵头创建了国家机器人技术研究开发工程中心和中科院机器人学开放实验室，建立了机器人学研究及机器人技术工程化基地。蒋新松于1996年获中国工程院首届工程科技奖，先后获得全国科学大会成果奖、中国科学院重大成果奖、中国科学院科技进步一等奖等荣誉，并参加了国家高技术研究发展计划的制订。

在我国水下机器人的研制史上，记录着一页页辉煌的篇章："海人一号"实现了我国水下机器人零的突破；"瑞康四号"开创了我国近海石油勘探钻井首次使用国产机器人的成功纪录；"探索者一号"则刷新了深潜1000m纪录；中俄两国共同研制成功6000m水下机器人，使我国跻身于世界机器人研制的强国行列……短短十几年，我国水下机器人事业由梦想变为现实。这一连串耀眼的成果都与一个人的名字紧紧相连，他就是中国机器人科研事业的开拓者——蒋新松。

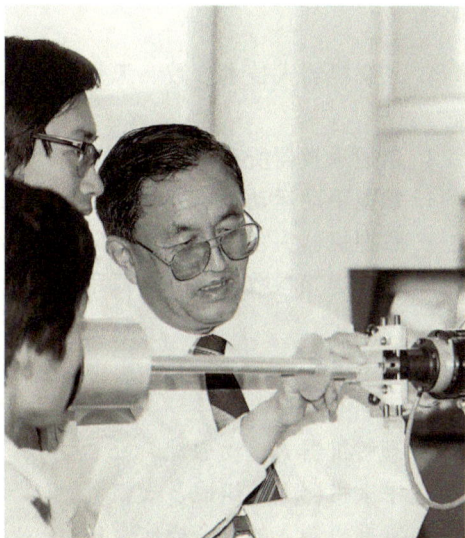

第二章 弧焊机器人的应用

【知识目标】

1. 了解机器人技术参数、弧焊机器人组成、控制原理及运动逻辑、机器人示教及再现概念。
2. 掌握示教器所有按键的功能。
3. 掌握手动运动机器人和示教编程操作。
4. 掌握机器人零点设定、编码器多圈清除、工具标定、附加轴标定。
5. 掌握焊接参数设定、电弧跟踪接触寻位参数设定。

【能力目标】

1. 理解机器人运动原理。
2. 了解机器人的组成及规格参数。
3. 掌握机器人的安全操作。
4. 能正确辨识示教器按钮位置和功能。
5. 能掌握急停按钮、暂停按钮、启动按钮、安全开关的正确使用。
6. 熟悉焊接指令的焊接工艺特点及应用。

【素养目标】

培养学生对弧焊机器人的认识、使用和解决实际问题的能力。

▶ 第一节　机器人的性能及特点

一、机器人基本性能参数

焊接机器人主要由机器人本体、控制柜、焊接电源等组成。QJRH4-1A 型焊接机器人如图 2-1 所示，采用中空型结构手臂、手腕，焊接电缆内置，可在狭窄空间焊接作业，重量轻，结构紧凑。通过安装机身盖罩，可用于各种恶劣的环境。工作空间大、运行速度快、重复定位精度高，适用于对焊缝质量有较高要求的焊接应用。

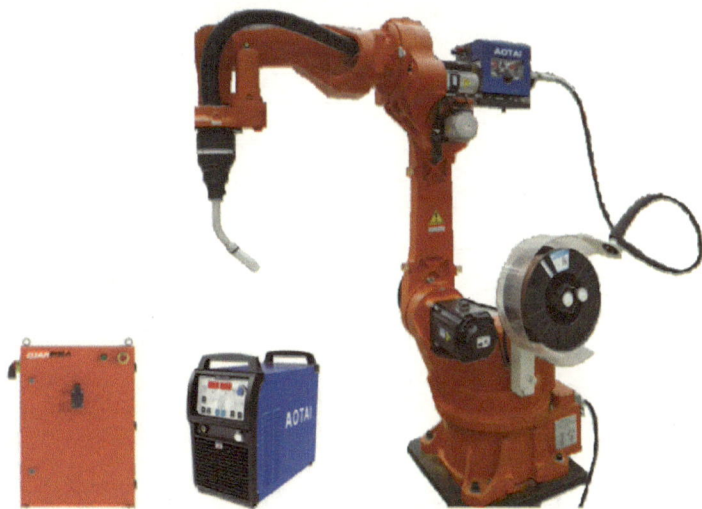

图 2-1　QJRH4-1A 型焊接机器人

　　按动示教编程器上的每个轴操作键，可使机器人的每个轴产生所需的动作。图 2-2 示出了在关节坐标系下六轴机器人的每个轴。

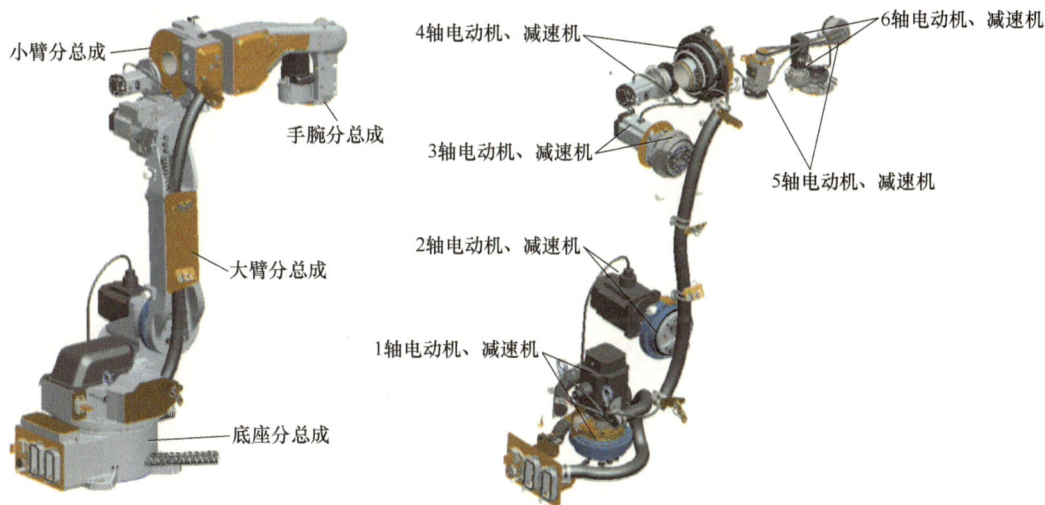

图 2-2　六轴机器人

　　QJRH4-1A 型焊接机器人最大臂展为 1410.5mm，如图 2-3 所示，末端点以 5 轴腕部中心为参考点。

二、机器人与焊接电源

　　工业机器人只有配上执行机构才具有使用价值，机器人与不同的焊接电源组合，可以构成不同功能的焊接机器人，如图 2-4 所示。

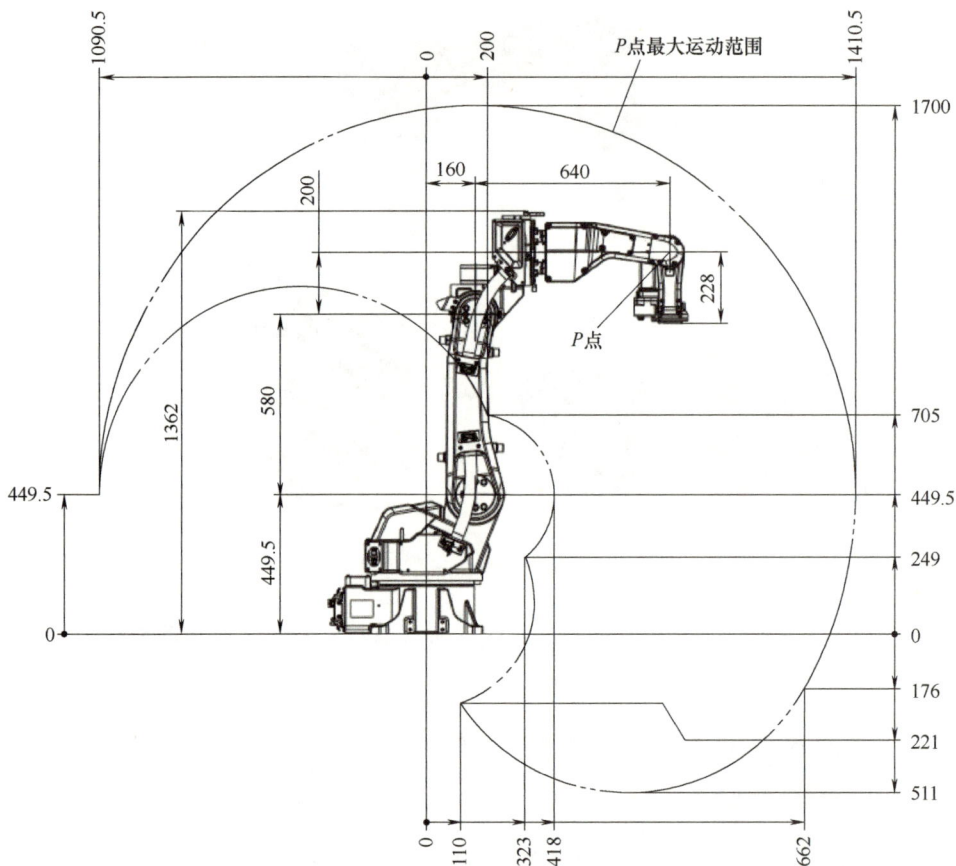

图 2-3   QJRH4-1 型焊接机器人的运动空间范围

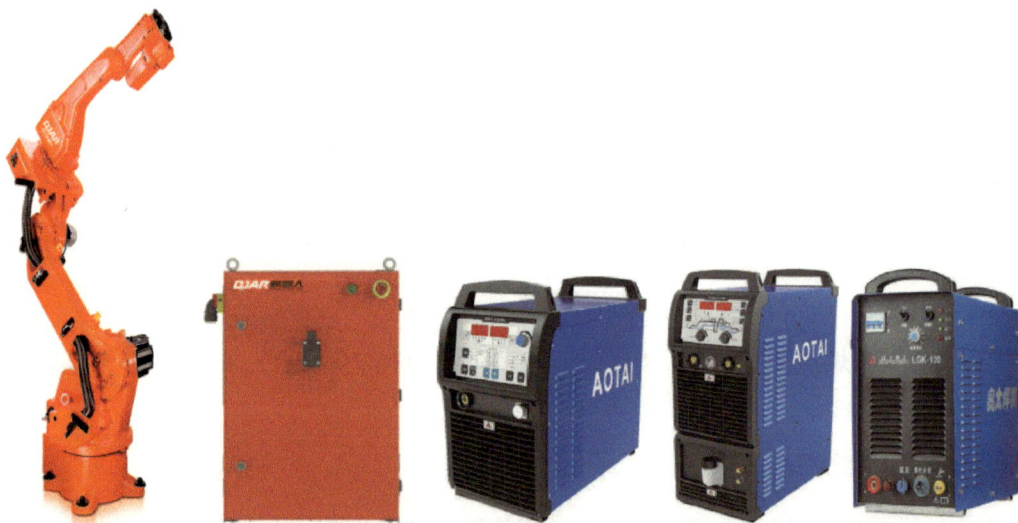

图 2-4   机器人与不同的电源组合

三、焊接机器人的组成

机器人和焊接电源组成的设备称为焊接机器人，其组成如图2-5所示。

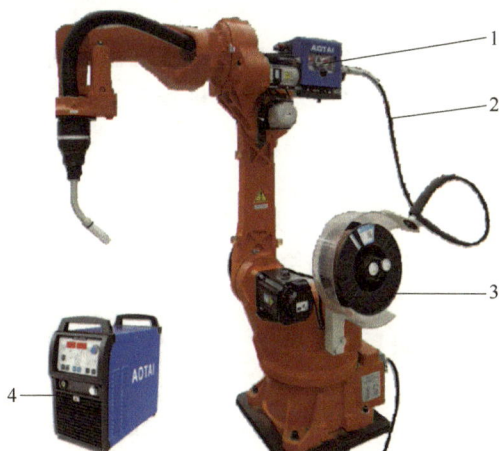

图 2-5　焊接机器人的组成

1—拉丝机　2—拉丝管　3—送丝盘　4—焊接电源

四、机器人工作原理

工业机器人的功能主要是通过传感器、计算机硬件和软件来实现的，控制系统按照输入的程序对驱动系统和执行机构发出指令信号，并进行控制。图2-6所示为工业机器人通信系统框图。

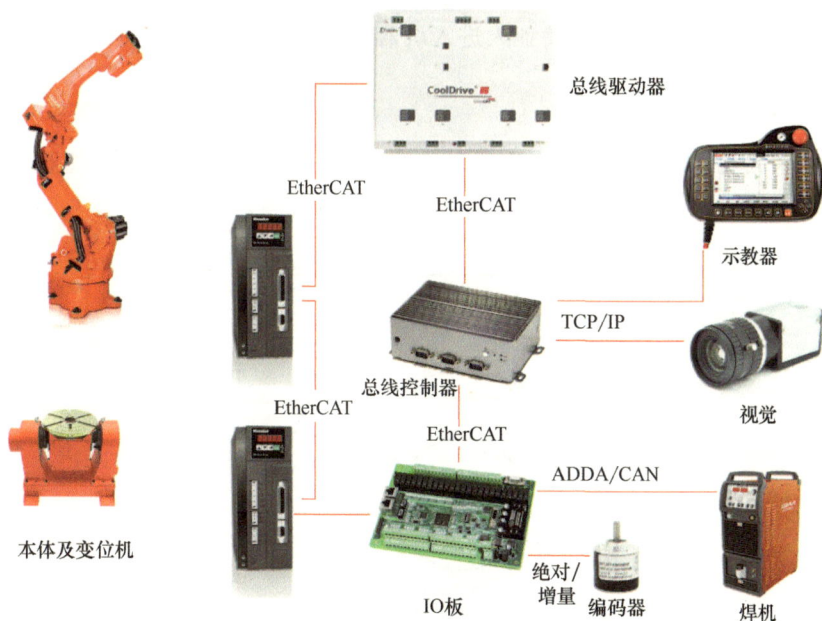

图 2-6　工业机器人通信系统框图

1. 传感部分

（1）内部传感器　内部传感器是用来检测机器人本身状态（如手臂间的角度）的传感

器，多用于检测位置和角度，具体有位置传感器、角度传感器等。

（2）外部传感器　外部传感器是用来检测机器人所处环境（如检测物体，距离物体的距离）及状况（如检测抓取的物体是否滑落）的传感器，具体有距离传感器、视觉传感器、力觉传感器等。

（3）智能传感系统　智能传感系统的使用提高了机器人的机动性、实用性和智能化的标准，人类的感知系统对外部世界信息一般是比机器人灵巧的，然而，对于一些特殊的信息，传感器比人的系统更加有效。

2. 控制部分

机器人控制系统是机器人的"大脑"，是决定机器人功用和功能的主要要素。控制系统是按照输入的程序对驱动系统和执行机构给予指令信号，并进行控制。

3. 末端执行器

末端执行器是连接在机械手最后一个关节上的部件，它一般用来抓取物体，与其他机构连接并执行需要的任务。

通常末端执行器安装在机器人六轴的法兰盘上以完成给定的任务，如焊接、喷漆、涂胶以及零件装卸等。

五、机器人安全事项

机器人通常与其他机械设备的要求不同，如它的大运动范围、快速的操作、手臂的快速运动等，这些都会存在安全隐患，因此必须注意以下安全事项。

1）在不需要进入机器人工作区域的情况下，务必在机器人动作范围外操作。

2）在进行示教工作前，应确保机器人或外围设备，没有处于异常情况。

3）程序人员必须注意，切勿使他人进入机器人工作范围，如有误入，必须及时制止。

六、安装及配线安全

选择一个区域安装机器人，并确认此区域足够大，以确保装有工具的机器人转动时不会触碰到墙、安全围栏或控制柜等障碍物。图 2-7 所示为机器人的安装空间。

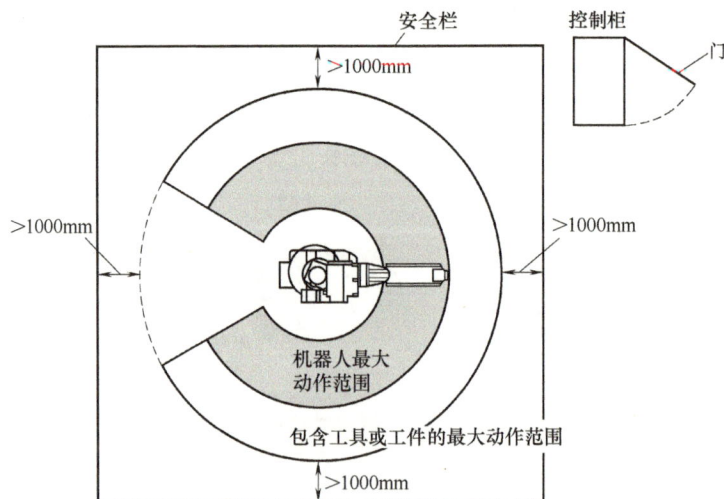

图 2-7　机器人的安装空间

七、　操作安全

当往机器人上安装工具时，必须先切断控制柜（图 2-8）及所装工具上的电源，并锁住机器人电源开关，同时必须悬挂明显的警示标识。

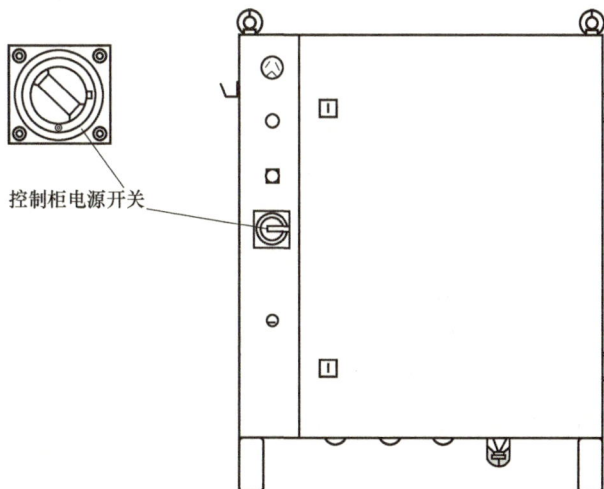

控制柜电源开关

图 2-8　控制柜

如果人员误进入机器人动作范围，则极易与机器人接触而引起伤害，应立即按动急停键。急停键位于控制柜前门及示教器的右上方，如图 2-9 所示。

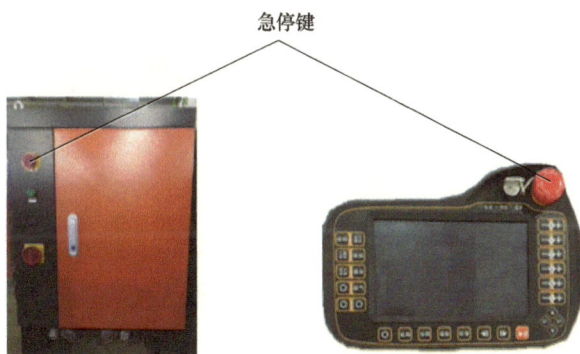

急停键

图 2-9　控制柜与示教器急停键

八、　机器人操作规程

1）机器人送电程序：先闭合总开关电源，再闭合机器人变压器电源开关，接着闭合焊接电源开关，最后旋开机器人控制柜电源。

2）机器人断电程序：先关闭机器人控制柜电源，再断开焊接电源开关，其后断开机器人变压器电源，最后关断总电源开关（空气开关）。

3）机器人控制柜送电后，系统启动需要一定时间，要等待示教器的显示屏进入操作界面后再进行操作。

4）操作机器人时，需指导教师在场并经其同意。所有人员应退至安全区域（机器人动作范围以外）。

5）示教过程中要将示教器时刻拿在手上，不要随意乱放。电缆线应顺放在不易踩踏的位置，使用中不要用力拉拽，应留出宽松的长度。

6）从操作者安全角度考虑，机器人已预先设定好一些运行数据和程序，初学者未经许可，不要进入这些菜单进行更改设置，以免发生意外。操作如遇到异常提示，应及时报告指导教师处理，不要盲目操作。

7）编程现场要做到光线充足，通风良好。操作者的眼睛与工件之间的观测距离应保持在100~500mm，程序编好后，用示教运行操作，逐点修改，检查行走轨迹和各种参数准确无误后，旋开保护气瓶的阀门，按亮示教器上的检气图标，调整流量计的悬浮小球至适当位置后，关闭检气，把示教器的光标移至程序的起始点。

8）进行焊接作业前，先将示教器挂好，钥匙旋转到"再现模式"，打开排烟除尘设备，穿戴好焊接防护服，手持面罩，按下机器人起动按钮。观察熔池时，避免眼睛裸视或皮肤外露而被弧光灼伤，发现焊接异常应立刻按下停止按钮，并做好记录。

9）机器人动作中如遇危险状况时，应及时按下紧急停止按钮，使伺服电动机断电，以免造成人员伤害或物品损坏。

10）结束操作后，将模式开关旋转到"示教模式"，放空气管内的残余气体，将机器人归为初始零位，退出示教程序，关断除尘器设备电源，关闭保护气瓶上的气阀，然后按照机器人断电程序操作。最后，把示教器的控制电缆线盘好，将示教器挂在指定的位置，清理完作业现场、检查无安全隐患后离开。

▶ 第二节　　示教器的功能

【知识目标】

掌握示教器所有按键的功能、示教器安全开关功能和菜单图标功能。

【能力目标】

1. 能正确辨识示教器按钮位置和功能。
2. 能掌握急停按钮、暂停按钮、启动按钮、安全开关的正确使用。

【素养目标】

培养学生安全操作设备，仔细观察的习惯。

目前，国内外弧焊机器人主要品牌示教器的功能及操作不一，以下仅选用钱江弧焊机器人进行讲述。

机器人示教器是一种重要的操作和编程工具，它使得操作者能够直接教导和控制工业机器人执行特定的任务，因此，在操作示教器时需充分掌握示教器的功能。钱江二代示教器的正面如图 2-10 所示。

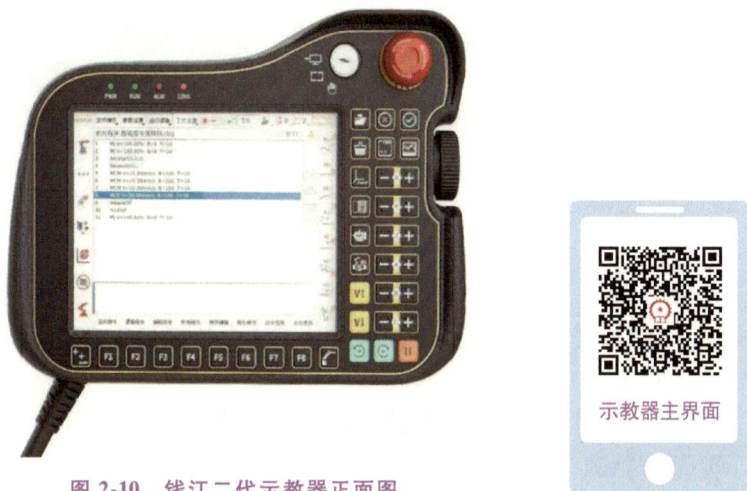

图 2-10　钱江二代示教器正面图

示教器主界面

一、急停按钮

在异常情况下按下急停按钮，切断伺服电源，可使机器人立即停止。急停按钮为常闭按钮，一旦按下，机器人停机后示教器会提示按下急停按钮，需要进行解除，方法是顺时针方向旋转按钮回位即可，如图 2-11 所示。

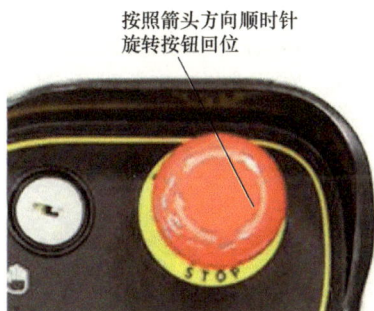

按照箭头方向顺时针旋转按钮回位

图 2-11　急停按钮

二、模式选择开关

机器人示教器的模式选择开关有示教模式、再现模式和远程模式。模式选择开关如图 2-12 所示。这些模式在不同的操作场景下有不同的应用和功能。

1. 示教模式

1）在示教模式下，操作者可以通过手动控制机器人的运动来完成特定的任务。

2）操作者可以逐步操作机器人移动，记录其运动轨迹和动作，从而创建或修改机器人的运动程序。示教模式还允许操作者进行程序试运行校准，以确保机器人的运动符合预期。

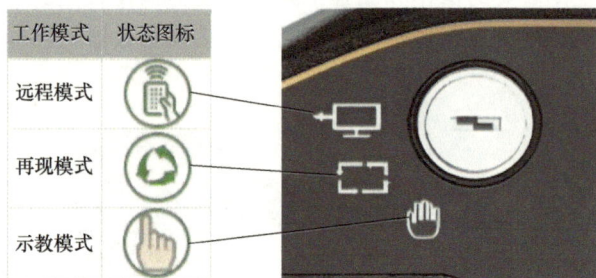

图 2-12　模式选择开关

2. 再现模式

1）再现模式下，机器人会按照示教模式中编程的程序自动运行，同时可以与上位机系统进行实时交互。

2）操作者可以通过示教器监控机器人的运行状态，不可进行参数和程序修改。

3. 远程模式

1）在远程模式下，可以通过使用远程按钮或预约工位盒来启动、暂停程序。

2）操作者可以通过 MODBUS TCP 或 TCP/IP 远程控制机器人执行任务，无须亲自站在示教器前操作。模式选择开关的作用是在这些模式之间进行切换，以确保机器人在正确的模式下运行。在操作机器人时，应根据实际需求选择适合的模式，并注意遵循相关安全操作规程，以确保人身和设备的安全。

三、　安全开关

安全开关一共有 3 档，如图 2-13 所示。最外面挡位和最里面挡位为切断机器人电源，中间挡位为接通机器人电源。在示教状态（TEACH）下，当安全开关处于中间挡位时，机器人将上电，若用力握紧或松开安全开关，则机器人电源断开，电动机处于抱闸状态。

安全开关

示教器按
键功能

图 2-13　安全开关

四、　按键介绍

在使用示教器前必须充分了解操作面板上的每个按键，方便对机器人的精准控制，同时也提高操作者编程效率。表 2-1 列出了示教器各按键的功能。

表 2-1 示教器各按键的功能

图标	按键功能
	删除程序文件
	打开程序文件
	清除报警弹框或错误状态
	打开/关闭命令面板
	打开/关闭监视器
	切换示教坐标系: (关节)、 (直角)、 (用户)、 (工具)
	切换运行模式: (单步)、 (连续)、 (循环)
	切换伺服使能状态: (禁止上伺服)、 (允许上伺服)
	切换工作机构(机器人、变位机)
	速度倍率八级升降速增速
	速度倍率八级升降速减速
	后退键,用于单步试运行逆向运行
	前进键,用于试运行正向运行
	停止(暂停)键,本系统暂停和停止共用一个状态,即按下停止键后,系统就处于停止(暂停)状态
	辅助按键,辅助实现某些需要重点确认的功能,避免误操作,例如:全局点位设置中【复位所有点位】功能需配合此按键实现(需要配合使用时,会在单独点击功能键后弹出提示)
	自定义功能(不同工艺会对应不同的快捷操作功能)

（续）

图标	按键功能
F2	自定义功能（不同工艺会对应不同的快捷操作功能）
F3	自定义功能（不同工艺会对应不同的快捷操作功能）
F4	自定义功能（不同工艺会对应不同的快捷操作功能）
F5	自定义功能（不同工艺会对应不同的快捷操作功能）
F6	自定义功能（不同工艺会对应不同的快捷操作功能）
F7	自定义功能（不同工艺会对应不同的快捷操作功能）
F8	自定义功能（不同工艺会对应不同的快捷操作功能）
（机器人图标）	回零键，用于快速回到工作零位

▶ 第三节　示教器的操作

一、示教器手持姿势

左手抓住示教盒背面带有安全开关的黑色软胶把手，中指放在安全开关位置，如图 2-14 所示。

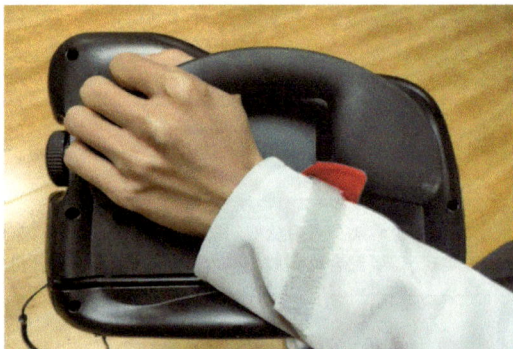

图 2-14　手握示教器姿势

左手提起示教盒，翻转，显示界面向上，将示教盒托于左臂上方位置，右手操作示教盒屏幕、按钮、开关等，如图 2-15 所示。

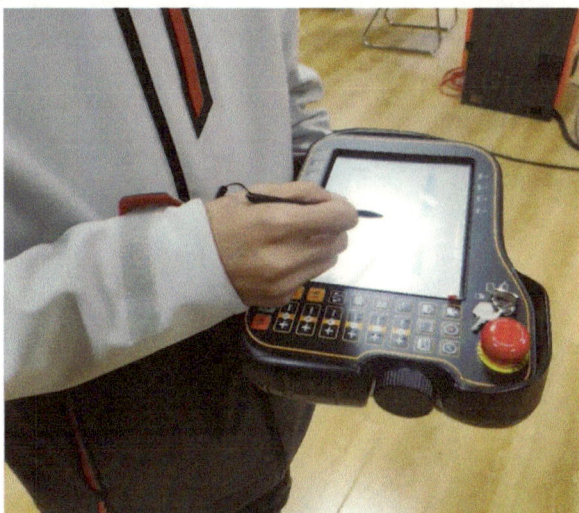

图 2-15 示教操作

二、 示教移动机器人

1）打开机器人控制柜电源，机器人上电。

2）确认信息提示栏无报警、警告信息，机器人状态显示健康✅。

3）将工作模式开关切换为示教模式👆。

4）将左侧功能按钮区的伺服智能开关切换到允许上伺服状态📷。

5）点击状态显示区的运行速度，弹出速度调整窗口，建议调整为 5%~10% `5%`。

6）点击左侧功能按钮区的示教坐标系图标，将机器人坐标系切换到关节坐标状态🤖，按住安全开关（中间档），伺服通电，通电完成后图标显示为🟢，此时屏幕右侧坐标区将显示轴运动图标。

7）点击左侧功能按钮区的示教坐标系图标，将机器人坐标系切换到直角坐标状态⚡，按住安全开关（中间档），此时屏幕坐标区将显示坐标运动图标。

三、 示教编程

1）新建程序在机器人使用前，先分别对控制柜、示教盒上的急停按钮进行确认，确认按下时，伺服电源是否断开。新建程序的程序名称最多可输入 40 个字符，可使用的字符包括数字、字母、汉字、下划线。程序名称可混合使用这些文字符号。输入好程序后点击确定，如图 2-16 所示。

2）如果输入的程序名为新程序名，则系统将在列表中新建一个刚输入名称的程序，并以橙色光标条高亮显示，如图 2-17 所示。

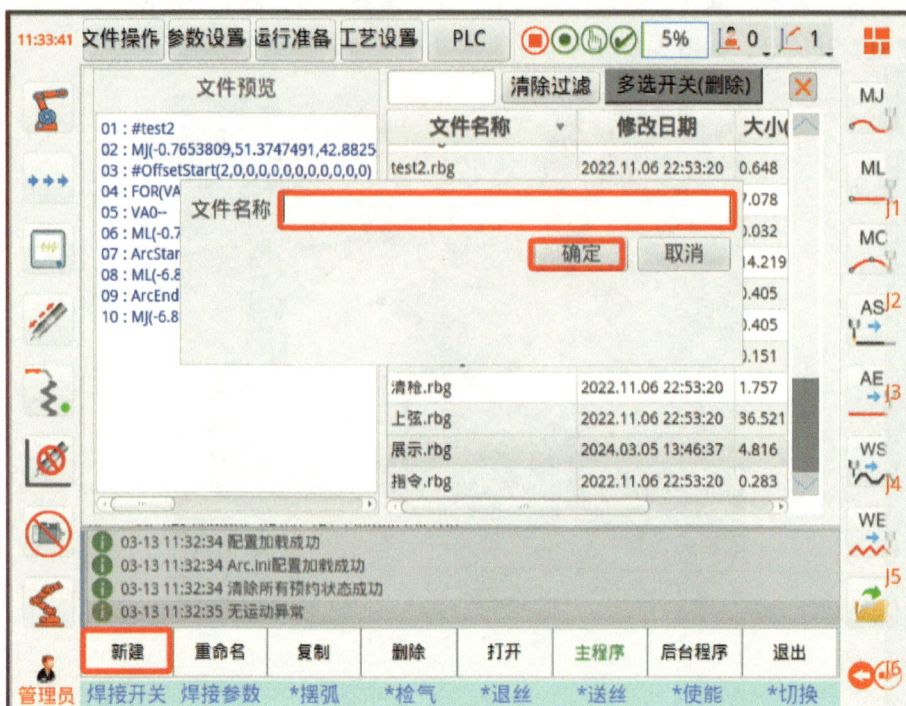

图 2-16　新建程序窗口

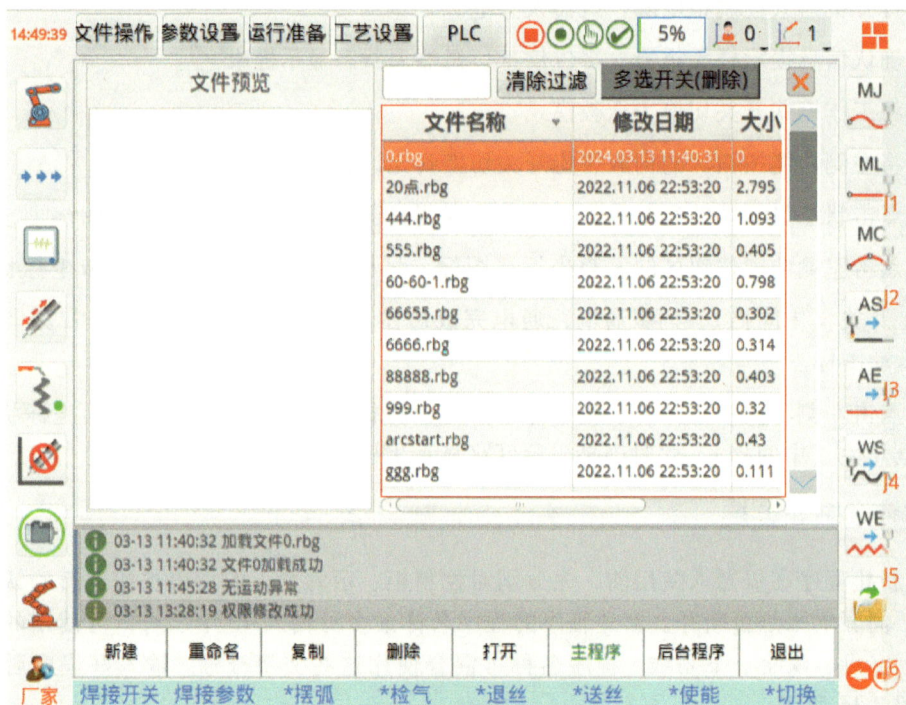

图 2-17　新建程序显示

3）点击运动指令，选择相应的运动指令，如图 2-18 所示。

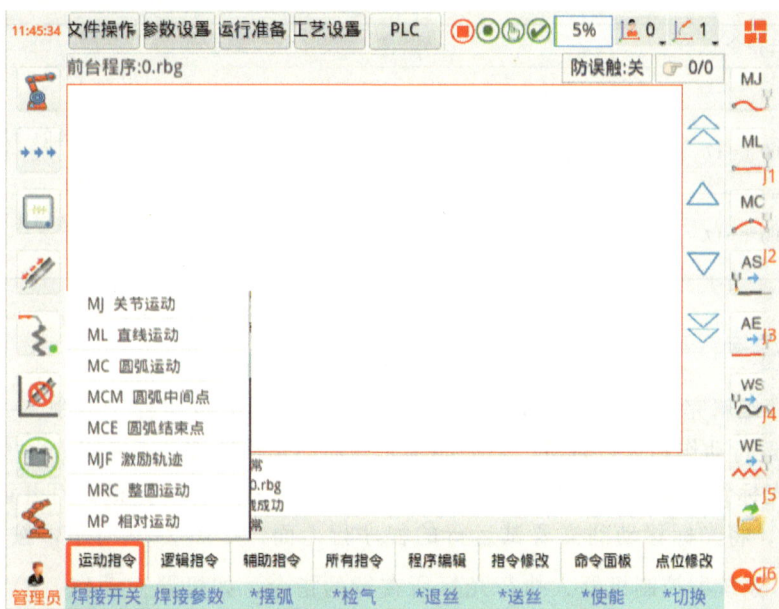

图 2-18 运动指令

4）运动指令编程示意图，如图 2-19 所示。程序列表见表 2-2。

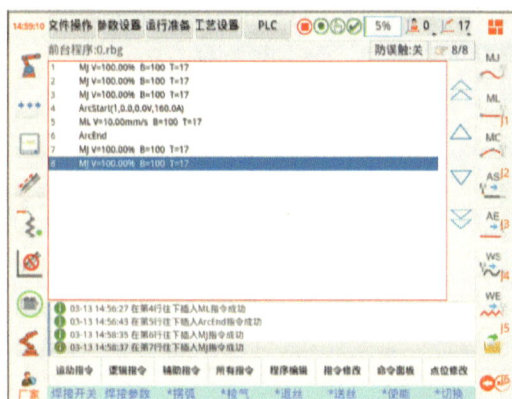

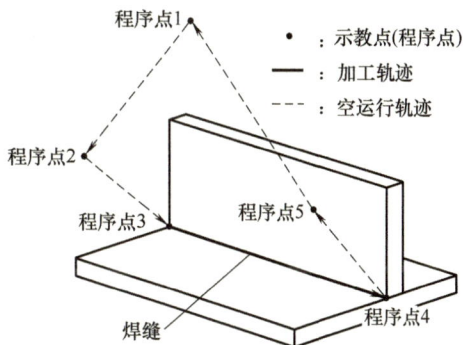

图 2-19 运动指令编程示意图

表 2-2 程序列表

程序行指令	说明
MJ V = 50% B = 100 T = 17	在工具坐标系 T = 17 内，按照 MJ 关节运动方式，以 v = 50% 的速度，B = 100 的平滑度，移动到程序点 1，到达准备点
MJ V = 50% B = 100 T = 17	在工具坐标系 T = 17 内，按照 MJ 关节运动方式，以 v = 50% 的速度，B = 100 的平滑度，移动到程序点 2，靠近工件
MJ V = 25% B = 100 T = 17	在工具坐标系 T = 17 内，按照 MJ 直线运动方式，以 v = 25% 的速度，B = 100 的平滑度，移动到程序点 3，接触工件
ArcStart(1,1.0)	起弧
ML V = 10 mm/s B = 100 T = 17	在工具坐标系 T = 17 内，按照 ML 关节运动方式，以 v = 10mm/s 的速度，B = 100 的平滑度，移动到程序点 4，焊接加工轨迹

（续）

程序行指令	说明
ArcEnd	熄弧
MJ V = 50% B = 100 T = 17	在工具坐标系 T = 17 内,按照 MJ 关节运动方式,以 v = 50% 的速度,B = 100 的平滑度,移动到程序点 5,离开工件
MJ V = 50% B = 100 T = 17	在工具坐标系 T = 17 内,按照 MJ 关节运动方式,以 v = 50% 的速度,B = 100 的平滑度,移动到程序点 1,回到准备点

四、 焊接程序试运行

1) 当程序编辑完成后,可以通过特定的操作,让机器人按照程序指令,一行一行地执行,仿真实际运行动作和运行轨迹,以便能预先判断动作或轨迹是否有误。

2) 移动光标到需要运行的程序上,然后点击子菜单中【打开】键,打开该程序,进入程序编辑界面,将光标移动到需要试运行的程序行上面,如图 2-20 所示,按住安全开关,再按住 ⟳ 键,系统即控制机器人执行光标所在行的指令,如机器人动作、IO 输出、运算、逻辑等。再按住 ⟲ 键,以光标行运动指令的运动方式运动到上一行运动指令的目标位置,光标跳至该指令行位置,如上一行是非运动指令,则跳过继续向上查找上一条运动指令。

图 2-20　试运行程序

五、 再现运行

首先使用试运行方式,确保即将运行的程序正确无误。确保机器人运动空间范围内,无人和障碍物。

1) 首先返回程序列表界面。使用【↑】【↓】移动光标到需要运行的程序上,如运行002 程序,点击【打开】按钮,将程序打开至程序编辑界面,如图 2-21 所示。

2）将光标移动到程序开始位置（第一行），切换控制模式开关为"再现模式（PLAY）"，在状态栏显示：⟳。然后选择合适的运行速度，点击调整速度倍率条，在状态栏显示 10%。前面的准备工作完成后，点击 ⟳ 按钮，程序即按照前面示教的点位、动作、逻辑，开始运行，程序运行界面如图 2-22 所示。

图 2-21　主程序

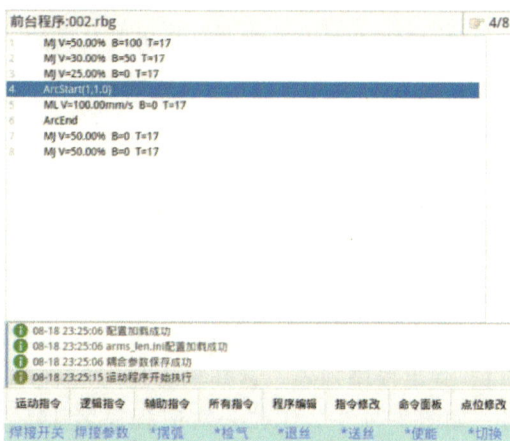

图 2-22　程序运行界面

六、暂停（停止）

1）程序运行过程中，如果需要暂停（停止），则点击 ❚❚ 按钮，系统减速，停止程序运行和机器人动作。在该方式下停止程序后，程序相关的所有内部状态、输出口、计数器、变量等均将保持。再次启动时，直接点击 ⟳ 按钮，程序继续正常执行。

2）当程序运行暂停后，再次启动时如果程序行与上次暂停不是同一行，则会弹出提示，如图 2-23 所示。

3）点击【确认】，光标停留在当前行即示教模式所指定行，然后点击 ⟳ 按钮，程序从光标所在行开始运行，点击【取消】，光标跳转到上次停止行号，然后点击 ⟳ 按钮，程序从光标所在行开始运行。

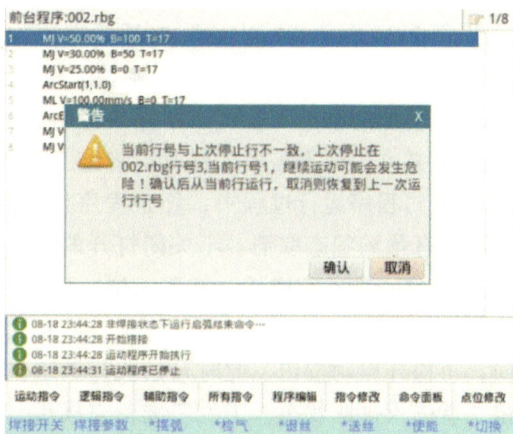

图 2-23　运行提示

七、模式切换

点击左侧运行模式图标，可在 ✦✦✦ ⟳ ⟳ 三种循环模式间切换。

✦✦✦ 表示单步模式，从一个点运行到下一个点后停止。松开按键后再次按键，则运行到下一个点后又停止。

⟳表示单循环模式，从第一个点到最后一个点运行完成后停止。

↻表示连续循环模式，一个单循环完成后，进入下一个单循环。

八、 远程预约

1）检查机器人工装夹具是否准备就绪，需要使用的产品是否合理。在前面测试工作程序时，带上所有夹具、产品一起测试，检查程序、产品、工装夹具等是否能够正常工作。

2）点击【工艺设置】-【远程/预约】，打开图2-24所示界面，点击【远程/预约】选项，上下键切换，选择［预约模式］。

3）在各工位［程序名］后点击【添加】，弹出程序列表，选择该工位对应程序名，如图2-24中，工位一对应程序名145，工位二对应程序名927，工位三对应程序名temp。添加完程序，如果要开启该工位预约功能，还要进行预约使能，当预约使能状态为 ⬤ 时，表示该工位预约功能开启；为

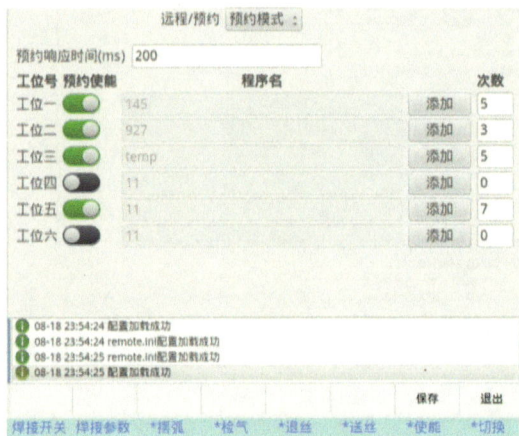

图2-24　预约选择

⬤ 时表示该工位预约功能关闭。设置完成后，点击【保存】【退出】按键，退出设置。

4）预约说明。

① 图2-24中"运行次数"对话框为预约总次数。数据为"0"代表不限制；如大于零则代表预约总次数，例如设置5，则该工位预约5次后继续预约不会生效。

② 未使能的预约工位可以不输入程序名。使能的预约工位必须输入程序名。

③ 当某个工位不需要工作时，将该工位预约关闭即可。

④ 预约程序运行过程中，停止程序运行后，切换到示教模式，如果关闭打开的预约程序，则所有预约状态取消。不关闭打开的预约程序，则除本程序外的其他预约状态取消。

⑤ 工位一准备完成后，按下工位一预约启动按钮，并保持一定时间，再松开启动按钮，此时开始执行该工位工作程序。工位二准备完成后，按下工位二预约启动按钮，并保持一定时间，再松开启动按钮，此时开始执行该工位工作程序。如果机器人正在别的工位工作，则工位二就进入排队状态。工位三准备完成后，按下工位三预约启动按钮，并保持一定时间，再松开启动按钮，此时如果机器人正在别的工位工作，则工位三就进入排队状态。

5）预约注意。

① 系统采集预热启动信号时，需要采集上升沿、电平时间长度和下降沿三个条件。

② 当某个正处于排队状态的工位想取消预约时，则需要按下该预约启动按钮，保持一定时间，再松开按钮，此时该工位的预约状态取消。如需再次预约，则按下该工位预约启动按钮，保持一定时间，再松开按钮，此时该工位进入排队状态。

③ 预约停止后，可以调整机器人工装夹具、工位产品、工装等，或者切换到示教模式

调整机器人。当前打开的预约程序被关闭时，所有正在排队的预约将被清除！被切换到示教模式后，在程序没有关闭的情况下，当需要再次预约启动时，将光标移动到需要运行的程序行前面，切换到远程模式，再按住预约启动按钮，保持一定时间，再松开按钮，程序从光标所在行开始运行，该工位完成后继续执行后续排队工位。如果在示教模式下，程序被关闭，则预约状态被清除，再启动时候就类似首次预约运行。

④ 当机器人发生报警时，机器人停止运动，此时可以使用示教盒上的清除按键复位报警状态。复位后再启动，发生报警时，会清除伺服电动机上电状态。再启动时，清除按键复位报警状态，将伺服电动机上电后，再按工位启动按钮，程序开始运行。

▶ **第四节　　机器人标定**

一、零点标定与修改

1）零点标定是将机器人零点位置用电动机的绝对编码器位置进行确定。绝对编码器固定到机械本体上后，由于绝对编码器的每一个位置绝对唯一，经过零位标定，系统直接读取编码器反馈位置就可以计算出当前坐标值。零点标定是在出厂前进行的，但在下列情况下必须再次进行零点标定。

① 由于确定关系发生变化，如更换电动机、绝对编码器时。

② 由于编码器多圈数记录发生变化，如：存储内存被删除时，绝对编码器电池没电时。

③ 由于机械系统发生变化，如机器人碰撞工件，原点偏移时（此种情况发生的概率较大）。

2）本功能需要开启厂家或管理员权限，厂家权限密码 888999。首先点击【运行准备】-【零点设置】，弹出如图 2-25 所示界面。

零点标定

轴	零点脉冲	当前脉冲	当前角度	工作零点角度
1	64210	0	-2.1772597	-0.0003391
2	-201919	0	-6.8467543	0.0008816
3	1941990	0	-44.0812797	-0.0007491
4	5713	0	-0.1906774	0.0001669
5	-2646446	0	89.7368028	90
6	-1969994	0	90.1791687	0
7	211376	0	-5.2302840	0.0000000
8	-587599	0	13.3530432	0.0000000
9	0	0	0.0000000	0.0000000

单轴清多圈　全部清多圈

08-20 18:15:12 getFriction 1
08-20 18:17:19 机构参数保存成功
08-20 18:17:19 动态限位保存成功
08-20 18:17:19 耦合参数保存成功

到工作零点　工作零点标定　修改工作零点　回到零点　单轴标定　零点标定　退出

焊接开关　焊接参数　＊摆弧　＊检气　＊退丝　＊送丝　＊使能　＊切换

图 2-25　零点设置界面

①【到工作零点】：点击此按钮，当按钮变为绿色后，按住示教盒上的运行按键，同时按住【安全开关】，机器人运动到设定的工作零点位置。

②【工作零点标定】：按住安全开关，再通过示教盒上的轴键，调整机器人各轴到预期角度，点击本按钮，设置机器人所在位置为工作零点。

③【修改工作零点】：光标选中要修改的轴的"工作零点角度"项，手动输入修改数值，点击本按钮确认修改，则修改值为新的工作零点。

④【回到零点】：点击此按钮，当按钮变为绿色后，按住示教盒上的运行按钮，同时按住【安全开关】，机器人运动到标定的机器人零点位置。

⑤【单轴标定】：光标选中要标定的轴号，按住安全开关，再通过示教盒上的轴键，调整该轴到预期角度，点击本按钮，光标所在行当前角度变为0°，可实现单个轴的零点标定。

⑥【零点标定】：按住安全开关，再通过示教盒上的轴键，调整机器人各轴到预期角度，点击本按钮，各轴当前角度均变为0°，用于机器人零点的全轴设定位姿。

⑦【单轴清多圈】：光标选中要清除的轴号，用于清除编码器多圈数。此功能按钮非厂家权限下为隐藏状态。

⑧【全部清多圈】：用于同时清除所有轴的编码器多圈数。

二、20 点法标定

20 点法标定是针对机器人 dh 参数和工具参数的一种自标定方法，用来标定 6 个关节角误差和工具 X、Y、Z 坐标。标定时，机器人末端安装一个枪尖，机器人前方放置一个枪尖，机器人调整姿态，将末端枪尖对准前方枪尖，记录机器人笛卡尔坐标和关节坐标，调整机器人姿态，连续对准 20 次，即得到 20 组坐标数据，通过误差模型可计算出 6 个关节角和工具 X、Y、Z 坐标的偏差。控制器添加标定误差后可提高机器人精度。

1）先新建程序，在程序里示教 20 条关节运动指令，记录机器人末端同一位置、不同姿态的 20 个点位，标定的 20 个点的原则是末端位置一致，姿态变化尽量大些，如图 2-26 所示。

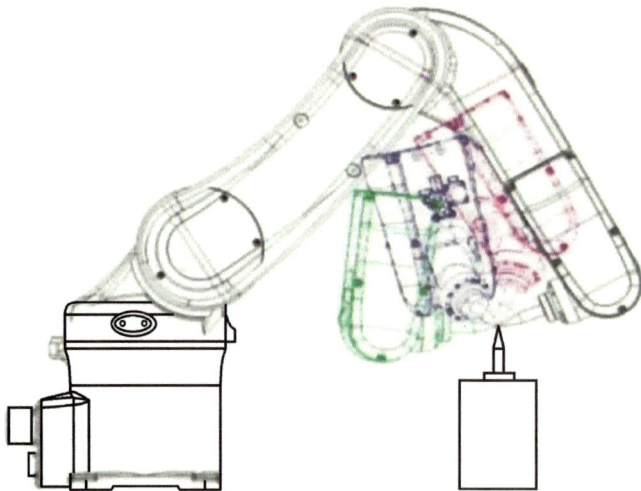

图 2-26　TCP 姿态

2）进行计算之前，要确认当前打开文件为已经记录好 20 个关节坐标数据的可计算文件，点击【运行准备】-【20 点法标定】。如图 2-27 所示

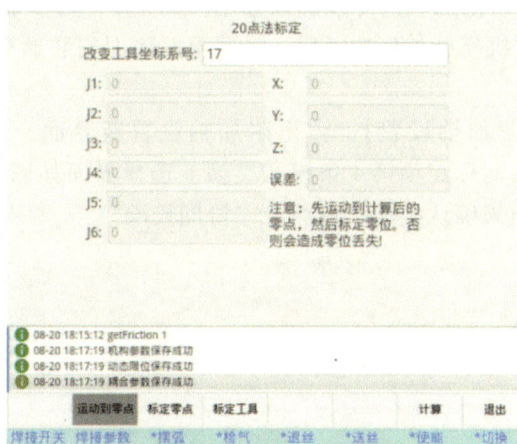

图 2-27　20 点法标定界面

3）【计算】：点击计算后会计算出当前零点和计算零点的偏差（显示在 J1-J6），当前所标定的工具的参数数值（X、Y、Z），标定误差值越小越好。

4）【运动到零点】：计算完成后，点击此按钮，当按钮变为绿色后，按住示教盒上的运行按钮，同时按住【安全开关】，机器人会运行到计算零点位置。

5）【标定零点】：机器人运动到零点后，点击标定零点按钮，会把机器人当前位置保存为新的零点位置。

6）【标定工具】：将计算后的工具参数，保存到"改变工具坐标系号"中。

7）20 点标定完成后，进入工具坐标系设置界面，点击三点标定，如图 2-28 所示，进入工具坐标系三点标定界面；第一点：枪尖垂直于标定杆尖端，记录机器人位置坐标；第二点：沿着 X 正方向移动一段距离，记录机器人位置坐标；第三点：沿着 Z 正方向移动一段距离，再记录机器人位置坐标。记录完成后，点击"生成"。

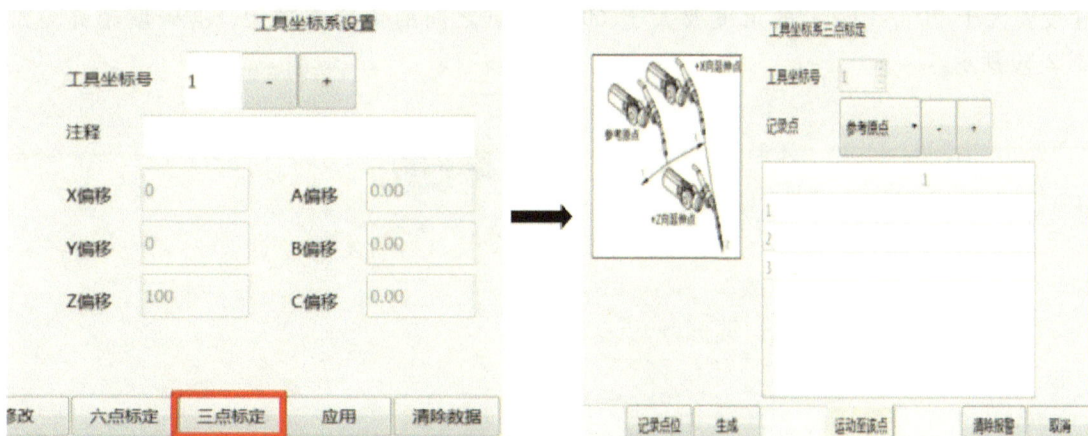

图 2-28　三点标定

三、双轴变位机标定

附加轴标定时，需要对附加轴的零点加以标定。调整 7、8、9 轴的零位位置并进入系统进行零位标定记录。变位机模型类型选择后，需要遵循地面安装顺序，开始往上依次排序 7 轴到 9 轴。

点击【运行准备】-【附加轴设置】，弹出附加轴设置新界面，选择匹配的附加轴类型（如双轴变位机），查看协同标定项第 4 条模式类型，选择界面如图 2-29 所示，选择模式类型后，点击"应用"按钮来确认类型，再点击"协同校准"。

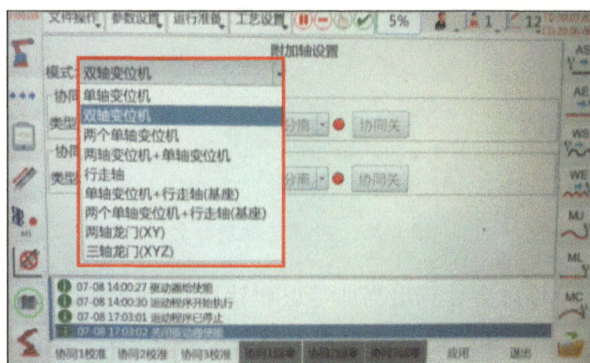

图 2-29   附加轴设置界面

1）协同 1 校准时，协同 2 轴必须运行到零点，否则无法记录 P1、P2、P3 点协同 2 校准时，协同 1 轴必须运行回到零点。

2）运动和记录 P1、P2、P3 点的过程中，要保证机器人姿态一致。即：记录 P1 点前调整好工具的姿态，运动和记录 P1、P2、P3 过程中，不能再变换姿态。

3）校准 P1、P2、P3 点过程中，坐标系可以使用除关节坐标外的任意坐标系。

4）校准参考点如果在协同 2 轴上，则在校准协同 1 时，不能动作协同 2 轴。

5）校准点必须严格按照 P1-P2-P3 的顺序校准（正方向旋转记录）。P1-P2 和 P2-P3 的角度要大于 30°，P1-P3 的角度要大于 60°。两点之间的角度差越大，准确度越高，如图 2-30 所示。

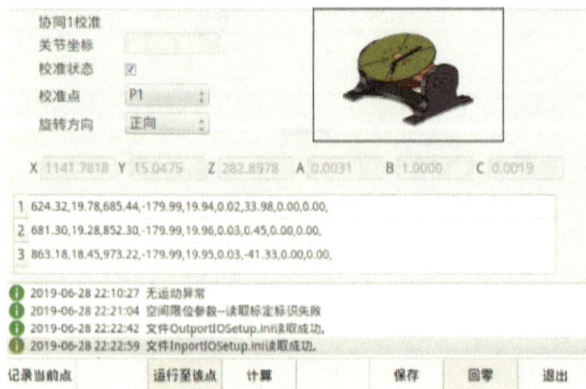

图 2-30   协同校准

四、直线轴标定

1）将机器人和导轨移动到合适位置，导轨尽可能在负坐标位置，机器人姿态尽可能使机器人在导轨平台有较大的移动空间，如图 2-31 所示。

2）在工作台上设置一个固定不动的标定点，导轨不动，移动机器人枪尖对准标定尖端，记录 P1 点。

3）正向移动导轨位置一段距离（约机器人臂展距离一半左右），移动机器人枪尖对准标定尖端，记录 P2。

4）记录两点完成后，点击"计算"，得出标定结果，并校准状态显示绿灯，再点击保存。

5）机器人进行第 2 步和第 3 步操作时姿态尽量不变，只平移 X、Y、Z。

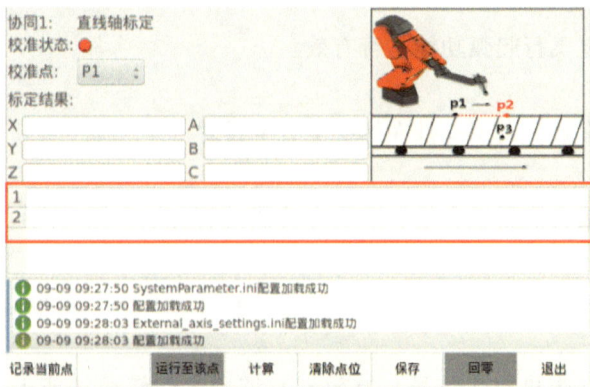

图 2-31　直线轴标定

▶ 第五节　焊接工艺设置

一、焊接设置

点击【工艺设置】—【焊接工艺】—【焊接设置】，打开焊接设置界面，如图 2-32 所示。

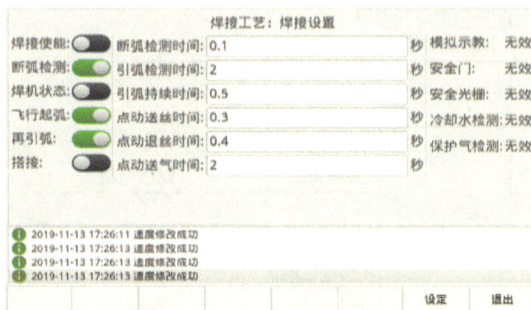

图 2-32　焊接设置界面

1. 焊接使能

当处于模拟焊接状态时，程序运行焊接命令时不起弧、不送气、不送丝，但下发焊接电流、电压等参数，便于观察参数设置，包括焊接段的电流变化。主界面设有快捷按钮，便于随时切换。

2. 断弧检测

断弧检测用于焊接过程中，检测焊接是否持续进行。麦格米特模拟通信讯号的焊接状态信号与起弧成功信号是一个信号。在整个焊接过程中，当检测到设定时间内，焊接状态信号无效时，系统会认为焊接异常，系统将进行异常处理。

3. 焊机状态

焊机状态用于焊机检测是否处于正常状态，当模拟通信焊机不支持焊机状态反馈时，设置成关闭，以保证系统正常运行。

4. 飞行起弧

飞行起弧用于设定飞行起弧功能是否有效。

5. 再引弧

仅设定功能是否有效，调用文件在焊机配置中设置。

6. 搭接

搭接用于设定搭接功能是否有效。仅设定功能是否有效，调用文件在焊机配置中设置。

7. 断弧检测时间

设定系统检测到断弧以后多长时间确认断弧，时间为 $0.01 \sim 5.00 \text{s}$。

8. 引弧检测时间

检测从引弧信号（焊机起弧信号）有效到系统判定引弧成功或失败的时间，如果设定时间内引弧成功信号无效，则系统认为引弧失败。参数范围为 $0.0 \sim 9.9 \text{s}$，默认参数为 2.0s。

9. 引弧持续时间

设定检测到引弧成功信号有效到系统判定引弧成功的时间，如果超过设定时间引弧成功信号依然有效，则认为引弧信号有效，引弧成功。参数范围为 $0.0 \sim 9.9 \text{s}$，默认参数为 0s。引弧检测时间要大于引弧持续时间，否则会导致引弧失败。图 2-33 为机器人焊接时序过程。

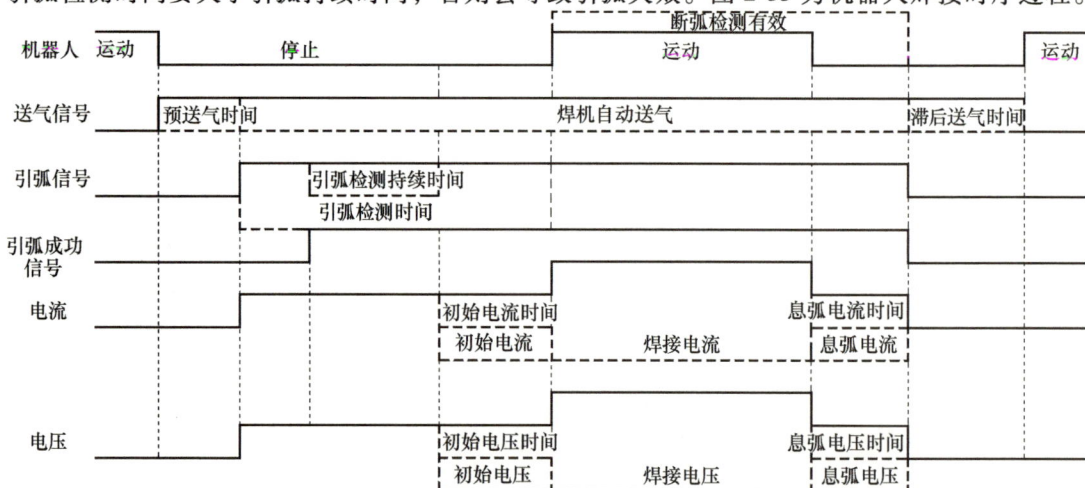

图 2-33　机器人焊接时序过程

10. 点动送丝时间

点动送丝时间用于设定点动送丝的时间。参数范围为 0.0~15.0s。

11. 点动退丝时间

点动退丝时间用于设定自动退丝的时间。参数范围为 0.0~15.0 s。

12. 点动送气时间

点动送气时间用于设定点动送气的时间。参数范围为 0.0~15.0 s。

二、焊机管理

焊机管理用于配置焊机文件及相关参数的设置，配置文件采用统一界面进行设置。焊机配置至少有一个，否则系统将会提醒焊机未设置。模拟焊机的反馈电流、电压配置文件与电流、电压配置文件相似，但不具备有效开关。

1）点击【工艺设置】—【焊接工艺】—【焊机管理】打开焊机管理界面，如图 2-34 所示。

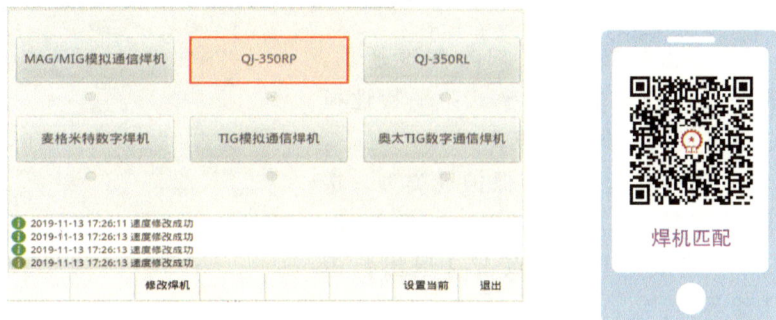

图 2-34　焊机管理界面

① 修改焊机：用于修改所选焊机的配置文件及相关参数设置。

② 设置当前：设置当前焊机。当选择当前焊机后，焊机设置中的部分参数需要在焊接开始前下发，或在系统启动时下发，具体提前下发参数会在设置选项中注明。点击修改焊机，弹出如图 2-35 所示界面。

2）点击焊机设置，当前选中焊机为 MAG/MIG 模拟通信焊机时，如图 2-36 界面。

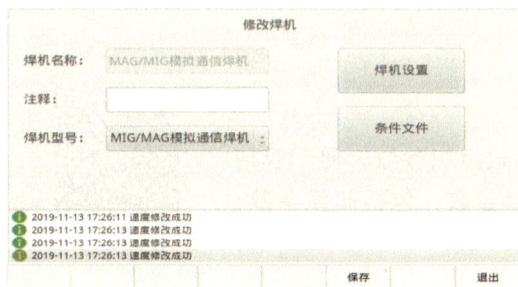

图 2-35　修改焊机界面

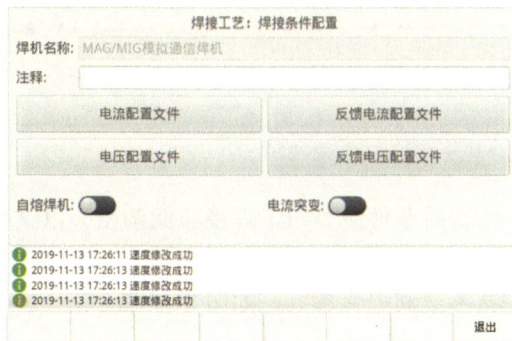

图 2-36　焊接条件配置

3）焊机电流配置文件和电压配置文件，如图 2-37 所示。

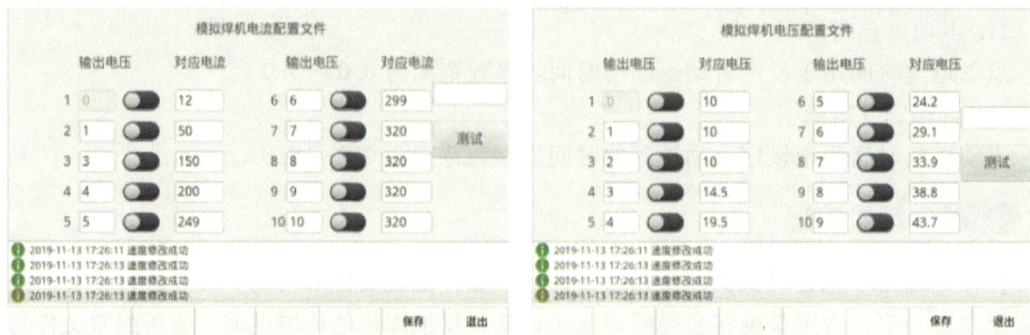

图 2-37　电流电压配置文件

4）当前选中焊机为 QJ-350RP、QJ-350RL 焊机时，数字通信焊机设置如图 2-38 所示。

5）点击添加按钮，如图 2-39 所示，选择下面一种焊机工作模式：平特性模式、脉冲模式、调用模式。

6）选择焊丝材质及保护气类型。选择焊丝直径：0.8mm、1.0mm、1.2mm、1.6mm。完成选择后，点击【退出】返回上级界面。

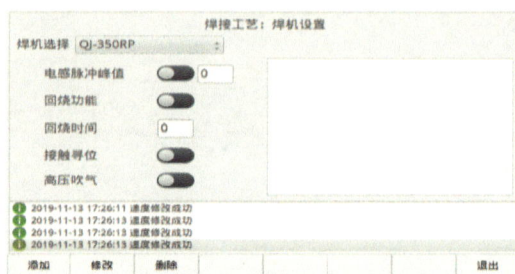

图 2-38　数字通信焊机设置

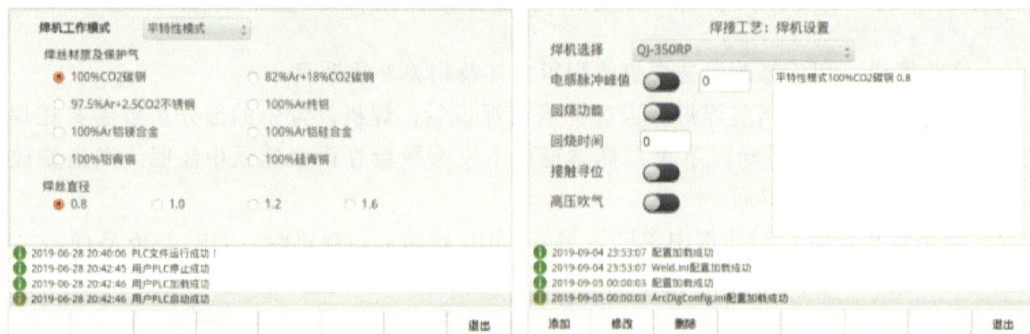

图 2-39　添加焊接工作模式

三、焊接条件

焊接条件主要用于焊接功能调用，以文件形式组织参数，便于管理和调用。文件包含常规启动时所需要的所有设定参数，包括起弧参数、焊接参数和熄弧参数，如图 2-40 所示。

1. 搭接

在焊接过程中，因某种因素中断焊接后，再次执行中断处理程序时

焊接参数配置

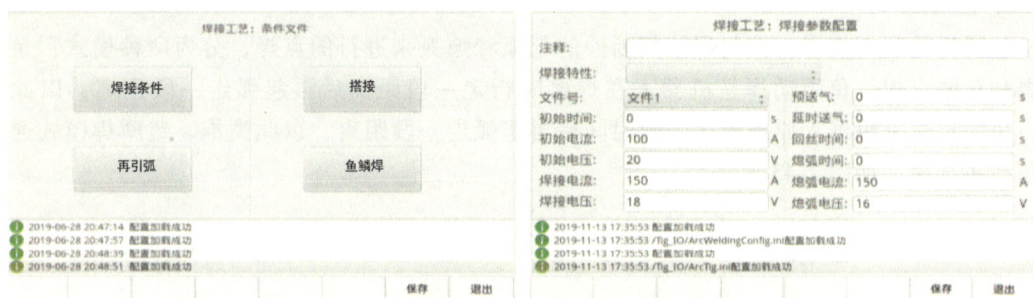

图 2-40　焊接参数配置

（中断处为焊接段程序），焊枪后退一段距离，在暂停位置前重新起弧，与前一段焊道搭接，实现焊缝过渡。搭接条件用于搭接功能开启后，搭接时参数调用。

　　说明：搭接功能使用的焊接条件根据起弧指令的焊接条件执行，焊接速度根据原焊接速度执行。焊接时因意外状态中断后，再次在中断指令处运行程序时，焊枪需要回到中断点，并回退一段距离后，起弧焊接，完成焊接段，如图 2-41 所示。

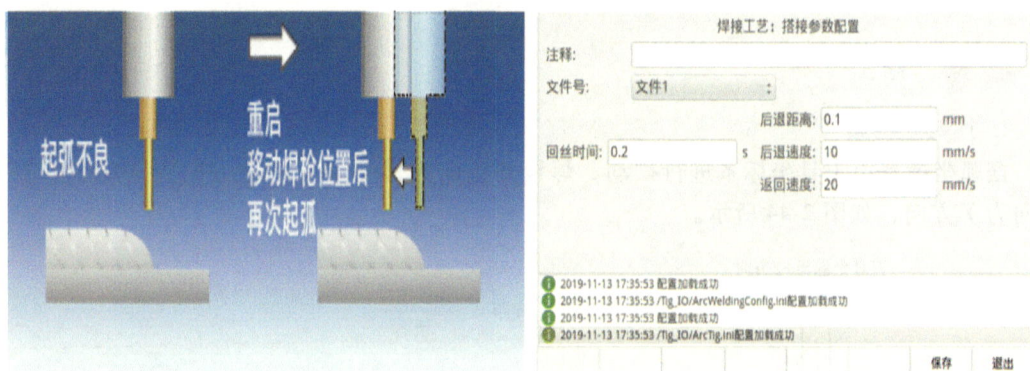

图 2-41　焊接参数配置

2. 再引弧

　　当机器人在焊接开始阶段起弧失败时，机器人自动向焊缝方向平移一段距离，重新起弧，起弧成功后再退回示教起弧的点，用于再引弧功能开启后，再引弧参数调用，如图 2-42 所示。

图 2-42　再起弧参数配置

3. 鱼鳞焊

鱼鳞焊是利用机器人控制焊接间断性的起弧和熄弧来进行的点焊，分为两种模式：鱼鳞动焊和鱼鳞点焊。鱼鳞动焊是机器人在焊接时行走一段距离后再起弧走一段距离，以此类推。鱼鳞点焊是机器人原地焊接一段时间后再熄弧走一段距离，以此类推。鱼鳞焊模式通过三角箭头选择，如图 2-43 所示。

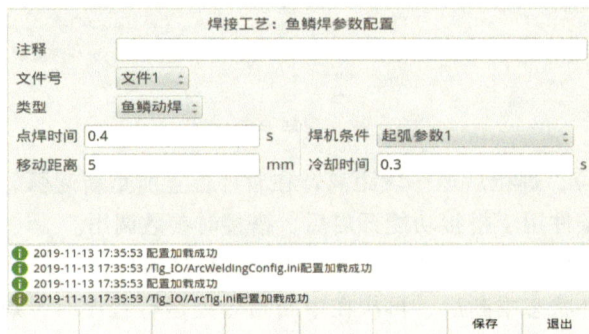

图 2-43　鱼鳞焊参数配置

四、摆弧

1. 摆弧坐标系

摆弧坐标系以工具坐标系进行摆动，焊枪的指向为 Z 方向，前进方向为 X 方向，摆动方向为 Y 方向，如图 2-44 所示。

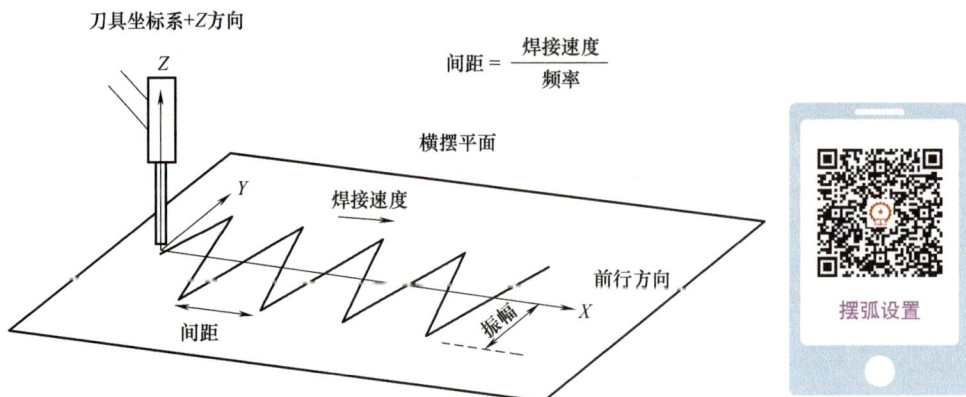

$$间距 = \frac{焊接速度}{频率}$$

图 2-44　摆弧坐标系

2. 摆弧参数设置

点击【工艺设置】—【焊接工艺】—【摆弧】打开摆弧参数配置界面，如图 2-45 所示。

1）文件号：最多可存储 100 个摆弧参数文件。

2）摆弧类型："正弦"和"横摆"。

3）停止时间进行："有"，在正弦摆过程中两端点处，仅停止摆动方向的运动；"无"，在正弦摆过程中两端点处，完全停止运动（前进方向和摆动方向均停止）。

4）焊炬倾斜角度：左、右（暂未开发）。

5）倾斜角：指定摆动平面上摆动方向的倾斜度，范围为-60°~60°。

6）操作角：相对于摆弧坐标系在摆动平面上的倾斜度，范围为-60°~60°。

7）摆动频率：1s 内可以完成完整摆动的次数，范围为 0.1~99.9Hz，一般设置为 2~4Hz。

8）左侧摆幅：摆动在 Y+方向的最大位移，范围为 0~25mm。

9）右侧摆幅：摆动在 Y-方向的最大位移，范围为 0~25mm。

10）初始方向："左侧"，第一次摆动方向为 Y+；"右侧"，第一次摆动的方向为 Y-，如图 2-46 所示。

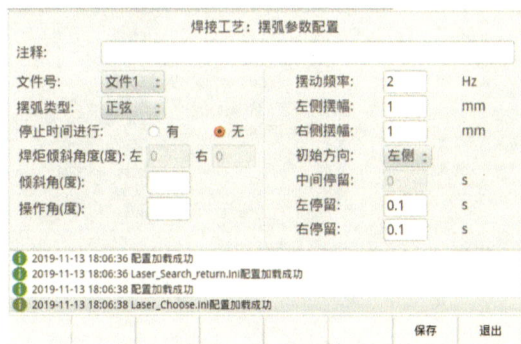

图 2-45 摆弧参数配置

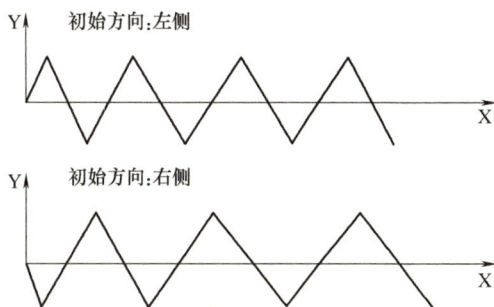

图 2-46 首次摆动方向

11）左停留：在摆动到达左侧振幅处，摆动停止时间，前进线正常插补。

12）右停留：在摆动到达右侧振幅处，摆动停止时间，前进线正常插补。

13）停留时间范围为 0~1s。

五、电弧跟踪

1）点击【工艺设置】—【焊接工艺】—【电弧跟踪】，打开电弧跟踪参数配置界面，如图 2-47 所示。

① 文件号：跟踪参数集合，以便跟踪指令调用，范围为 1~10。

② 注释：对跟踪文件进行说明，以方便操作者调用。

③ 跟踪参数：电流/电压（与焊机进行匹配，MIG/MAG 焊机仅跟踪电流，TIG 焊机仅跟踪电压）。

④ 摆动：有效/无效（最好采用 SIN 摆动），需与程序编辑一致。电流默认有效，电压默认无效。

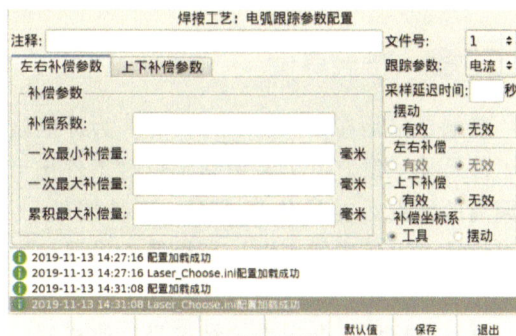

图 2-47 电弧跟踪参数配置界面一

⑤ 采样延迟时间：焊枪移动后开始采样延迟的时间，包括初始值的采样。

⑥ 左右补偿：有效/无效，选择补偿的有效方向。仅在横摆时提供有效/无效选择。

⑦ 上下补偿：有效/无效，选择补偿的有效方向。摆动时，基本不进行上下补偿，如果补偿有效，采用位置中间有效。

⑧ 补偿坐标系：选择跟踪补偿的坐标系。

⑨ 左右补偿参数：左右方向的补偿参数。

⑩ 一次最小补偿量：如果补偿量小于此值，则不进行补偿。范围为 0.0 ~ 99.99mm，默认值为 0.0mm。

⑪ 一次最大补偿量：一次补偿的最大补偿量。

⑫ 累积最大补偿量：左右方向的累计最大补偿量。

⑬ 上下补偿参数：上下方向的补偿参数。

2）当点击上下补偿参数时，界面切换如图 2-48 所示。

① 一次最小补偿量：如果补偿量小于此值，则不进行补偿。范围为 0.0 ~ 99.99mm，默认值为 0.0mm。

② 一次最大补偿量：一次补偿的最大补偿量。范围为 0.0 ~ 999.9mm，默认值为 1mm。

③ 累积最大补偿量：上下方向的累计最大补偿量。范围为 0.0 ~ 999.9mm，默认值为 600mm。

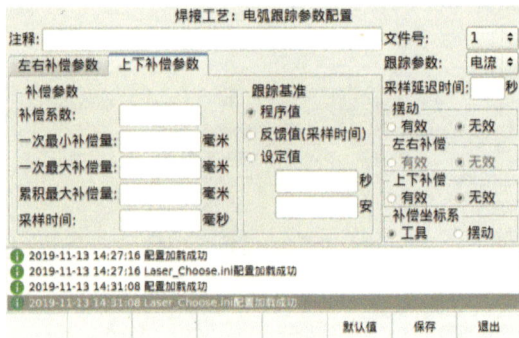

图 2-48　电弧跟踪参数配置界面二

④ 采样时间：仅摆动无效时此项目有效；如果摆动有效，采样周期为摆动周期。范围为 0.0 ~ 99.99s，默认值为 0.5s。

⑤ 跟踪基准：程序值/反馈值/设定值，选择跟踪的基准。程序值为 Arc Strat 指令中的焊接参数值，反馈值为焊接开始后，焊枪移动反馈值采样时间的平均值，设定值为手动输入。

⑥ 反馈值（采样时间）：焊枪开始移动后的采样时间。范围为 0.00 ~ 9.99s，默认值为 0.01s。

六、接触寻位

接触寻位是在工件位置偏离时，为补偿该偏离而自动变更机器人路径的一种功能，应用于工件尺寸一致，但工装夹具定位时工件出现偏离的情况。在寻位模式下，工件接地，通过喷嘴或焊丝通低压电。当机器人沿寻位轨迹移动过程中，其喷嘴或焊丝和工件接触时，电平被拉低，会产生接触信号，使机器人停止移动，并记录接触工件时的位置数据。利用当前位置与程序设定位置的偏差值对路径进行修正，从而得出真实目标位置。

1）点击【工艺设置】—【焊接工艺】—【接触寻位】打开接触寻位参数配置界面，如图 2-49 所示。

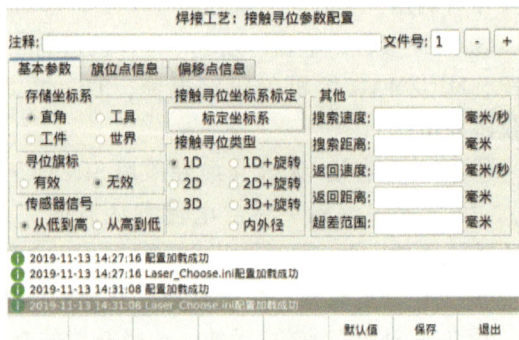

图 2-49　接触寻位参数配置界面一

① 文件号：为接触寻位条件调用文件号，包含所有接触寻位参数。

② 注释：可以添加注释信息，方便辨识。

③ 寻位旗标：程序中工艺号对应的相关寻位点基准位置数据写入开关。有效时，寻位腿的位置作为基准数据；无效时，基准数据被保护，不再写入（旗标如果没关，但是工件相对基准位置发生移动，则此次寻位后，数据会再次写入基准变量，造成之前基准变量的数据被覆盖，后面程序就失去意义，需要程序编写轨迹部分程序）。

④ 标定坐标系：用于确定接触寻位的搜索方向。

⑤ 接触寻位类型：用于确定搜索的维度和方式。1D、2D、3D 为工件平移的偏差，1D+旋转、2D+旋转、3D+旋转为工件平移+旋转的偏差。

⑥ 搜索速度：从寻位开始点向工件移动寻位的速度。寻位速度越小，精度越高。

⑦ 搜索距离：从寻位开始点向工件方向的寻位距离。若超出这个距离，则系统认为寻位失败。

⑧ 返回速度：设定寻位时焊丝或喷准接触到工件后的返回速度。

⑨ 返回距离：设定自动返回距离。当这个距离超过寻位开始点时，机器人运动到寻位开始点就结束，不再运行。

⑩ 超差范围：设定寻位点与旗标点的偏差范围。超出范围时，系统将提示工件偏差较大。

⑪ 保存：保存设置值。

2）切换子菜单至【旗位点信息】，如图 2-50 所示。

① 选择 X1：显示 X1 的旗标点 x，y，z，a，b，c 和寻位点 x，y，z，a，b，c，X2~Z3以此类推。点击编辑按钮，可手动编辑选中点的旗标点和寻位点坐标值。

② 保存：与编辑按钮配合使用，用于保存手动修改值。

3）切换子菜单至【偏移点信息】，如图 2-51 所示。偏移点信息 DX、DY、DZ、DA、DB、DC 显示旗位点与寻位点偏差值：x，y，z，a，b，c。

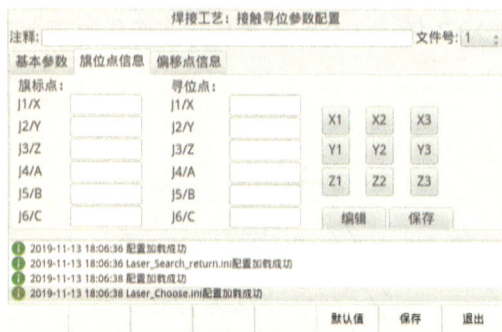

图 2-50 接触寻位参数配置界面二　　　图 2-51 接触寻位参数配置界面三

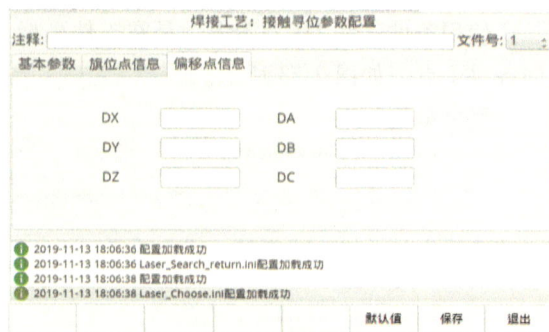

寻位注意事项：工件表面没有铁锈、氧化层、油漆或其他绝缘的涂层。寻位前必须进行剪丝处理，保证焊丝杆伸长度一致。机器人精度应尽可能高，机器人定位精度越高，寻位精度越好。校验好工具坐标系，TCP 精度越高，精度越好。寻位速度应适当，速度越快，接触工件越容易引起焊丝变形，误差越大；速度越慢，误差越小，效率越低。寻位动作指令只能使用 ML，需要先指定一个寻位准备点，再定义一个寻位开始点，从准备点到开始点的这

条直线方向就是寻位方向。

4）编程举例：1D寻位。

使用条件：工件只往任意一个方向移动，寻位方向必须与工作移动方向一致，如图2-52所示。

程序举例：

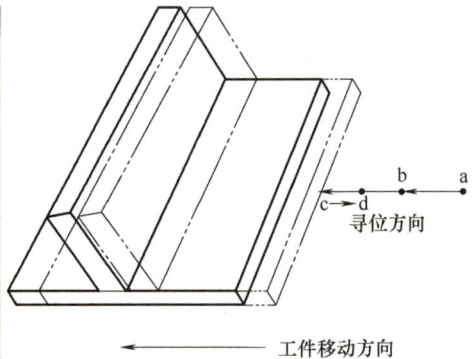

图2-52　1D寻位

注意：寻位基准位置时，需要把旗标打开。

SearchStart(1)P(1)　　//搜索开始

ML Tool = 1U = 40　　　//a点

MLSearch U = 40 +X Pos[1] U = 40　　// b点寻c点，自动退d点，数据存P1

SearchEnd　　　//寻位结束

TouchOffset P(1)　　//开始偏移

ML 10mm/s　U = 40

TouchOffsetEnd　//偏移结束

5）编程举例：2D寻位。

使用条件：和1D差不多，是在工件坐标上的XYZ任意2个面上平移，在变化的2个方向各寻1点，如图2-53所示。

程序举例：

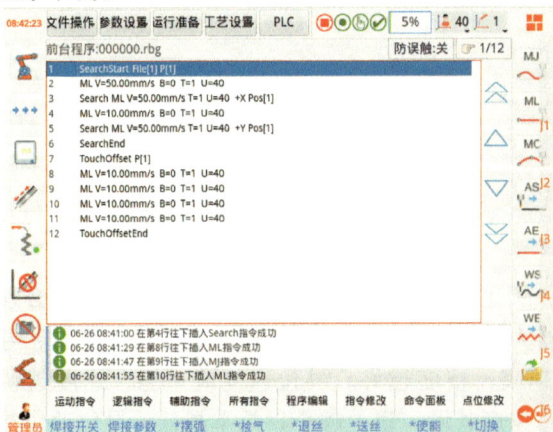
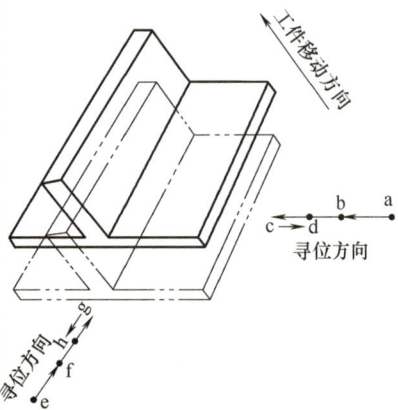

图2-53　2D寻位

注意：寻位基准位置时，需要把旗标打开。

SearchStart(1)P(1)　　//寻位开始

ML Tool = 1U = 40　　//a 点

MLSearch U = 40 +X Pos[1]　// b 点寻 c 点,自动退 d 点,数据存 P1

ML Tool = 1　U = 40　//e 点

MLSearch　U = 40 +Y Pos[1]　// f 点寻 g 点,自动退 h 点,数据存 P2

SearchEnd　//寻位结束

TouchOffset P(1)　//开始偏移

ML Tool　U = 40

……

TouchOffsetEnd　//偏移结束

6）编程举例：3D 寻位。

使用条件：和 2D 寻位差不多，是在工件坐标上的 XYZ 任意 3 个面上平移，在变化的 3 个方向各寻 1 点，如图 2-54 所示。

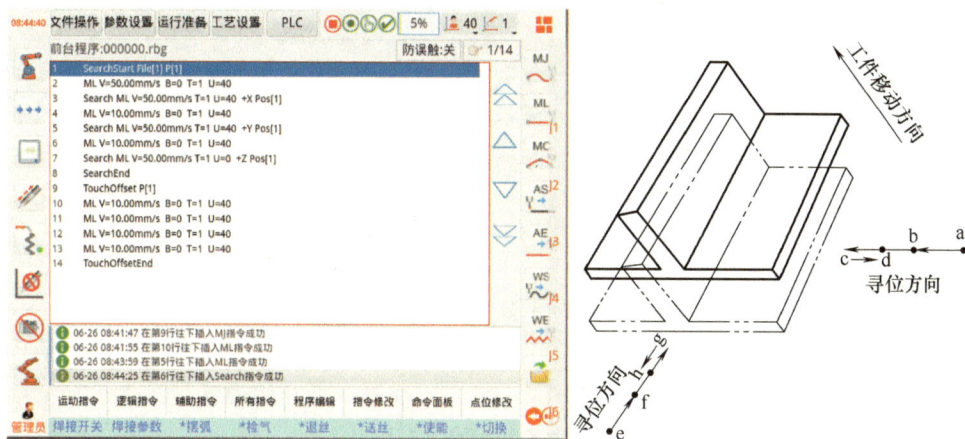

图 2-54　3D 寻位

注意：寻位基准位置时，需要把旗标打开。

SearchStart(1)P(1)　　//寻位开始

ML Tool = 1　U = 40　　//a 点

MLSearch　U = 40 +X Pos[1]　// b 点寻 c 点,自动退 d 点,数据存 P1

ML Tool = 1　U = 40　//e 点

MLSearch　U = 40 +Y Pos[1]　// f 点寻 g 点,自动退 h 点,数据存 P2

ML Tool = 1　U = 40　//e 点

MLSearch　U = 40 +Z Pos[1]//

SearchEnd　U = 40　//寻位结束

TouchOffset P(1)　//开始偏移

ML Tool　U = 40

……

TouchOffsetEnd　//偏移结束

7）编程举例：2D+旋转寻位。

使用条件：绕工件坐标上的 XYZ 任意一个轴（或大地坐标的 Z 轴）旋转和任意 2 个方向移动，如图 2-55 所示。在一个方向上寻 2 个点，确定线；另外一个方向寻 2 个点，线和点要依次对应寻位产品的点和线。

程序举例：

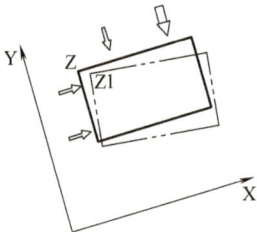

如：工件往工件坐标的XY方向平移，并且绕Z轴旋转

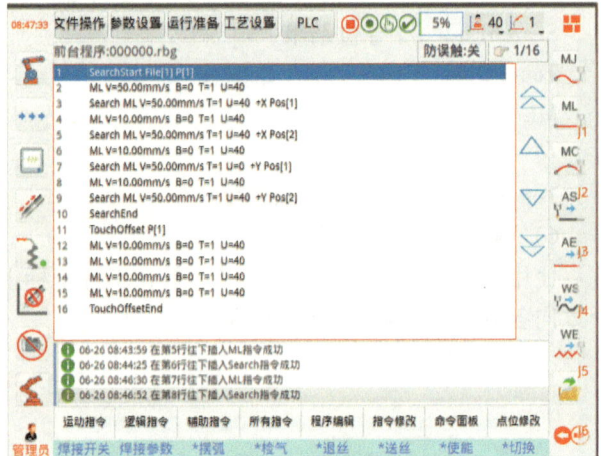

图 2-55　2D+旋转寻位

```
SearchStart(1) P(1)                              //寻位开始
MOVL VL=50mm/s    Tool=1 U=40                     //第一点开始搜索点
SEACH P1 MOVL VL=50mm/s Tool=1 U=40 +X Pos[1]
                                                 // 搜索第一点 X+方向    数据存 P1
MOVL VL=50mm/s    Tool=1 U=40                     //第二点开始搜索
SEACH P2 MOVL VL=50mm/s Tool=1 U=40 +X Pos[2]
                                                 // 搜索第二点 X+方向    数据存 P2
MOVL VL=50mm/s    Tool=1 U=40                     //第三点开始搜索
SEACH P3 MOVL VL=50mm/s Tool=1 U=40 +Y X Pos[1]
                                                 //搜索第一点 Y+方向    数据存 P3
MOVL VL=50mm/s    Tool=1 U=40                     //第四点开始搜索
SEACH P4 MOVL VL=50mm/s Tool=1 U=40 +Y X Pos[2]
                                                 //搜索第二点 Y+方向    数据存 P4
SearchEnd                                        //寻位结束
TouchOffset P(1)                                 //开始偏移 OP1
MOVL VL=100 Tool=1 U=40
……                                              //偏移数据部分
TouchOffsetEnd                                   //偏移结束
```

8）编程举例：3D+旋转寻位。

使用条件：绕 X，Y，Z 任意旋转或平移，如图 2-56 所示。在一个方向上寻 3 个点，确

定面；在另一个方向寻 2 个点，确定线；最后一个方向寻 2 个点，进行寻位。

程序举例：

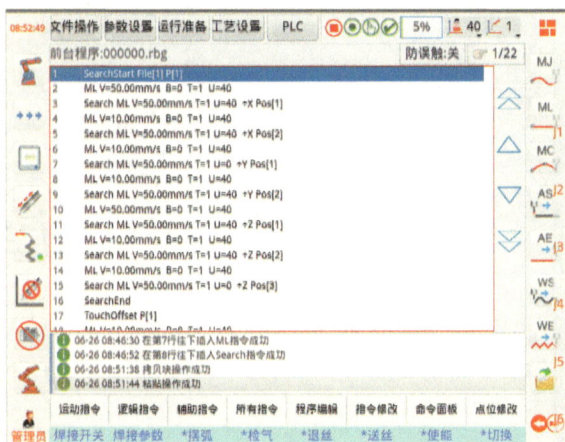

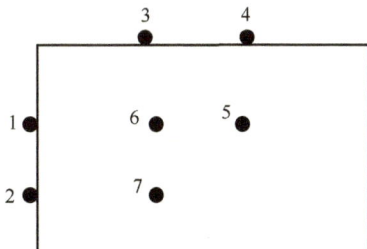

图 2-56　3D+旋转寻位

SearchStart 1 P（1）　//寻位开始

MOVL VL　Tool=1 U=40　　//a 点

MOVL VL　　U=40 +X SEACH P1　//b 点寻 c 点，自动退 d 点，数据存 P1

MOVL VL Tool=1 U=40　　//e 点

MOVL VL　　U=40　+X SEACH P2　//f 点寻 g 点，自动退 h 点，数据存 P2

MOVL VL Tool=1　U=40　//e 点

MOVL VL　　U=40　+Y SEACH P1　//f 点寻 g 点，自动退 h 点，数据存 P3

MOVL VL Tool=1　U=40　//a 点

MOVL VL　　U=40　+Y SEACH P2　//b 点寻 c 点，自动退 d 点，数据存 P4

MOVL VL Too=1　U=40　//e 点

MOVL VL　　U=40　+Z SEACH P1　//f 点寻 g 点，自动退 h 点，数据存 P5

MOVL VL Tool=1　U=40　//e 点

MOVL VL　　U=40　+Z SEACH P2　//f 点寻 g 点，自动退 h 点，数据存 P6

MOVL VL Tool=1　U=40　//e 点

MOVL VL　　U=40　+Z SEACH P3　//f 点寻 g 点，自动退 h 点，数据存 P7

SearchEnd　//寻位结束

TouchOffset P（1）　　//开始偏移 OP1

……　//偏移数据部分

TouchOffsetEnd　　　//偏移结束

9）编程举例：内外径寻位。

使用条件：往任意 2 个方向平移（用户坐标或大地坐标的 X、Y 方向）如图 2-57 所示。

程序举例：

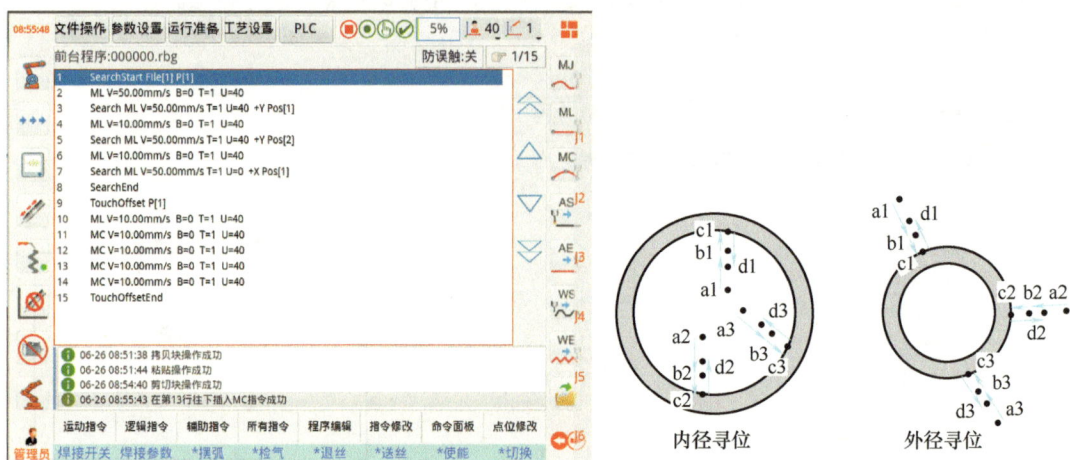

图 2-57　内外径寻位

SearchStart 1 P（1）　//寻位开始

MOVL V　Tool＝1 U＝40　　//a1 点

MOVL V　U＝40　+Y SEACH P1　//a1 点寻 c1 点，自动退 d1 点，数据存 P1

MOVL V Tool＝1　U＝40　//a2 点

MOVL V　U＝40　+Y SEACH P2　//点寻 c2 点，自动退 d2 点，数据存 P2

MOVL V Tool＝1　U＝40　//a3 点

MOVL V　U＝40　+X SEACH P3　//a3 点寻 c3 点，自动退 d3 点，数据存 P3

SearchEnd　//寻位结束

TouchOffsetend P（1）　//开始偏移 P1

ML　U＝40

MC　U＝40　//偏移数据部分

MC　U＝40

……

TouchOffsetEnd　　//偏移结束

▶ 第六节　常用焊接指令的工艺特点及应用

一、常用焊接指令

1. 焊接起弧指令

机器人焊接的起弧指令是一组程序化的命令，用于控制焊接机器人在特定条件下点燃电弧并启动焊接过程。它包括焊接电源的选择、焊接电流的设定、焊接电压的设定、送丝速度的控制、起弧时间的设定、起弧位置的指定、引弧方式的选择以及气体流量的设定等多个方面。其核心目的是确保电弧的稳定引弧，从而提高焊接效率和生产率。

2. 焊接收弧指令

机器人焊接的收弧指令是一组程序化的命令，用于控制焊接机器人在焊接过程结束时平滑地熄灭电弧，并执行焊接收尾作业。它包括焊接参数的调整、收弧方式的选择、运动控制以及收弧的执行等方面。其核心目的是预防焊接缺陷的产生、维护焊缝的品质、提升设备的使用寿命以及确保作业的安全性。

3. 焊接摆弧指令

机器人焊接的摆弧指令是一系列程序化的命令，旨在控制焊接机器人在焊接过程中使焊枪或电弧沿着特定的轨迹（例如直线、锯齿形、圆形等）进行周期性的摆动。该指令涵盖了摆动模式的选择、摆动参数的设定、运动控制以及焊接参数的调整等多个方面。其核心目的在于优化焊缝的成形效果、降低焊接缺陷的发生率，并适应复杂焊缝的需求。

4. 焊接电流电压渐变指令

机器人焊接的渐变指令是用于控制焊接参数（如电流、电压、送丝速度等）在焊接过程中按照预设规律逐渐变化的命令集合。该指令集涵盖渐变参数的选取、渐变模式的确定、渐变范围的设定以及运动控制等方面。其核心目的在于适应焊接过程中的变化，提升焊接作业的质量，优化工艺效果，并增强工艺的灵活性。

二、 常用焊接指令的工艺特点及应用

（一）焊接起弧指令的工艺特点及应用

1. 焊接起弧指令的工艺特点

机器人焊接的起弧指令包含焊接的关键参数，其工艺特性直接关系到电弧的稳定性、焊缝的成形以及焊接的效率。其主要工艺特征涵盖了高精度的定位与控制、起弧参数的精细调节、防止粘丝与电弧稳定性以及适应性控制等方面。在实际应用过程中，必须依据焊件的材料、厚度、接头的类型、坡口的形状以及技术要求，精确地示教焊接起始点，灵活地调整起弧焊接电流，精确地控制时间，并相应精确地示教调整焊枪角度，以控制起弧端焊缝的成形，从而提升焊接的质量。

2. 焊接起弧指令工艺特点的应用

（1）焊接起弧电流与时间具备可调控性　在生产过程中，常见的管板焊接件如图 2-58a 所示，在应用机器人进行管板角焊缝焊接时，为了确保起弧端焊缝的质量，根据起弧电流、时间可调的特点，通过示教器选择起弧指令，并编程设定起弧焊接电流、时间等参数，如图 2-58b 所示。随后，进行焊接操作并反复调试起弧电流、时间，观察并检测每次焊缝的成形情况。根据焊缝成形的结果，进行相应的优化起弧电流、时间，以确保获得符合质量标准的起弧端焊缝，如图 2-59 所示。

（2）焊接起弧过程焊枪角度具备可调整性　在焊接管板角焊缝的过程中，必须妥善处理起弧与收弧的连接问题。通常情况下，起弧时焊枪的前进角度设定为 85°。然而，若仅按照此角度进行起弧，焊缝起始端会过于陡峭，如图 2-60a 所示，这将不利于后续的收弧连接，并且容易导致未熔合等焊接缺陷，如图 2-60b 所示。因此，根据焊接起弧过程焊枪角度具备可调的特点，在原起弧示教点增设起弧过程的示教点，如图 2-61 所示（起弧示教点与起弧过程示教点的距离大约为 6~10mm），同时，需要示教调整起弧示教点的焊枪角度为 75°，过程示教点的焊枪角度为 85°。

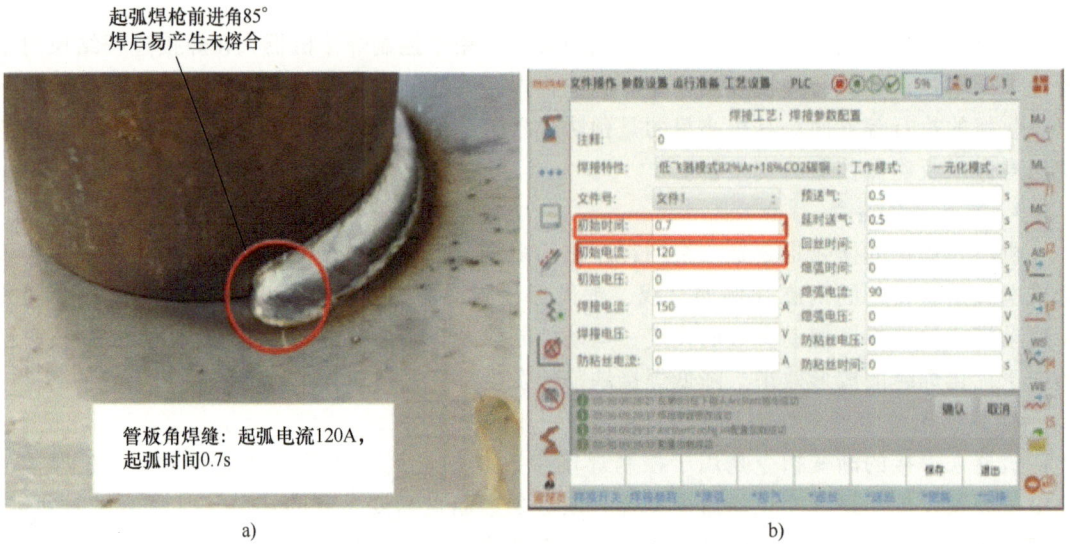

起弧焊枪前进角85°
焊后易产生未熔合

管板角焊缝：起弧电流120A，
起弧时间0.7s

a)

b)

图 2-58   起弧电流和时间可调控

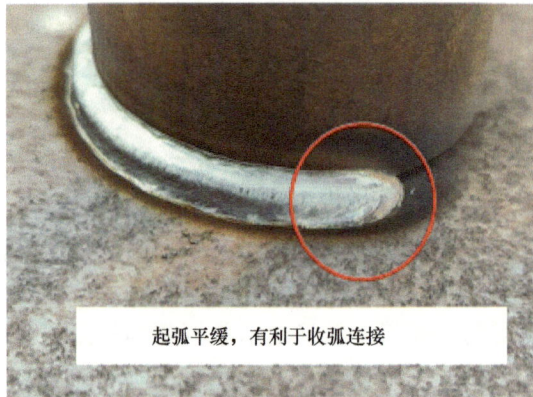

起弧平缓，有利于收弧连接

图 2-59   起弧平缓焊缝

起弧焊枪前进角85°，易产生未熔合缺陷

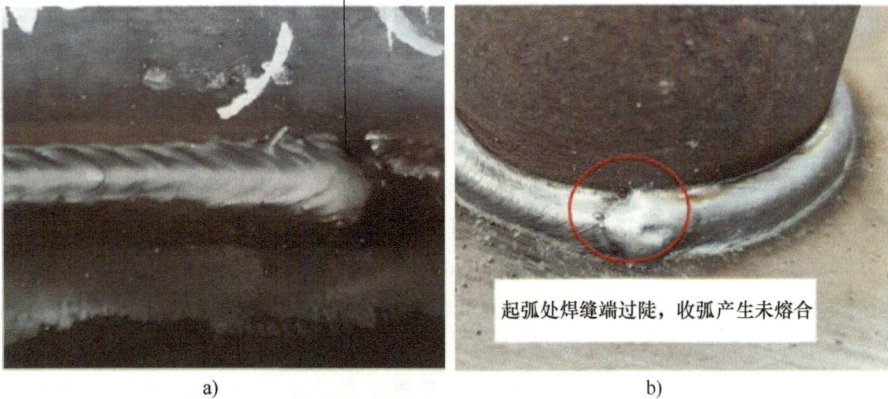

起弧处焊缝端过陡，收弧产生未熔合

a)

b)

图 2-60   收弧未熔合

完成示教启动焊接起弧后，焊枪由前进角75°从起弧过程示教点焊接至6~10mm时，转变为按前进角85°进入正常焊接。此操作确保了起弧处焊缝的端部平缓，有助于收弧连接，进而有效控制焊接质量，如图2-61所示。

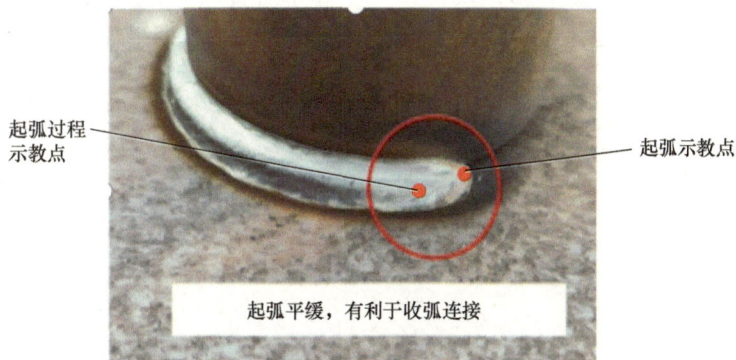

图 2-61 起弧过程焊枪角度调整控制焊缝成形图

（二）焊接收弧指令的工艺特点及应用

1. 焊接收弧指令的工艺特点

焊接收弧指令控制焊接结束时的电弧熄灭，防止焊缝产生裂纹、气孔或弧坑。收弧参数有收弧电流、电压、时间等，其工艺特点主要体现在可编程、电流与时间可调、焊缝质量控制以及适应复杂焊接路径等方面。机器人焊接能够显著提高焊缝末端的质量，减少缺陷，同时提升焊接效率和生产一致性。

2. 焊接收弧指令工艺特点的应用

（1）焊接收弧电流与时间具备可调控性　在应用机器人进行管板焊件角焊缝焊接时，如图2-62a所示，通过示教器选择收弧指令进行编程，设定收弧焊接电流和停留时间，如图2-62b所示。为了确保收弧焊缝的质量达到标准，结合焊缝的具体质量要求进行编程，同时，需利用收弧焊接电流和时间的可调节特性，通过不断调整收弧电流和停留时间，控制收弧焊缝的成形。

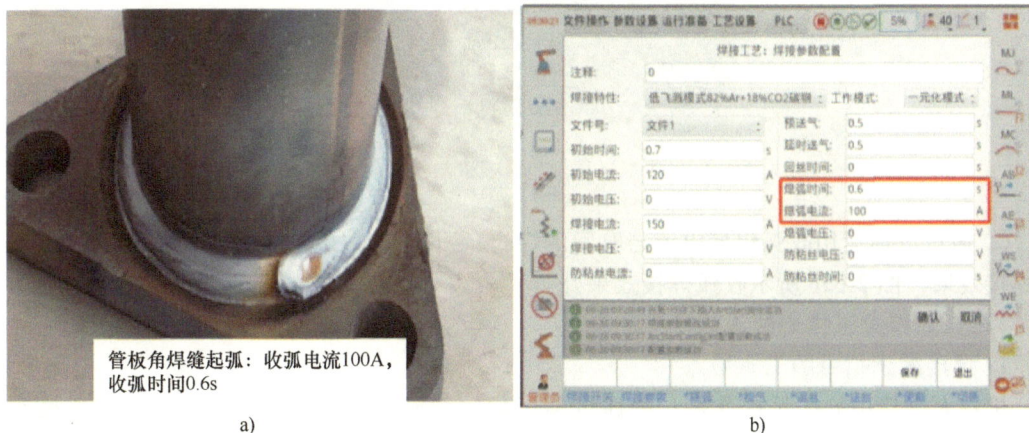

a)

b)

图 2-62 收弧焊接电流与时间调控

（2）焊接收弧过程焊枪角度具备可调整性

1）焊接时，焊枪的前进角度应设定为85°，工作角度则为45°。

在进行管板角焊缝的收弧焊接作业时，通常采用85°的焊枪前进角度和45°的工作角度。然而，焊后收弧处的连接焊缝容易出现凹凸不平和未熔合现象，如图2-63所示。因此，为了提升焊接质量，必须在起弧过程中对焊枪角度进行调整，以控制焊缝的成形。

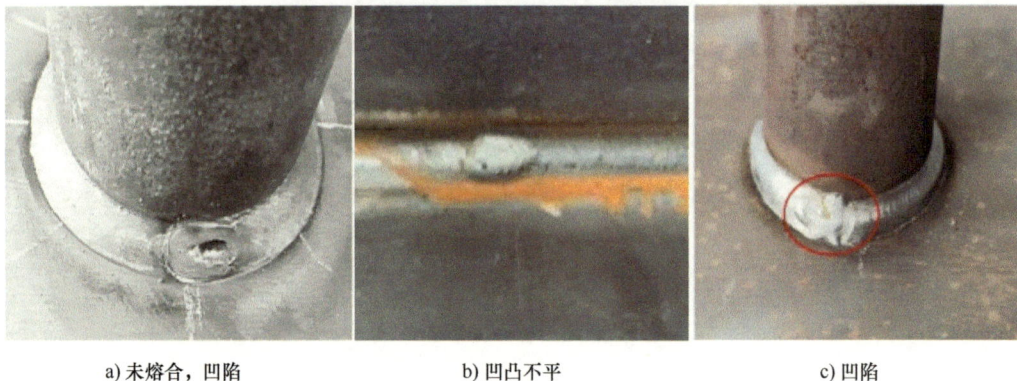

a) 未熔合，凹陷   b) 凹凸不平   c) 凹陷

图 2-63　收弧过程焊枪角度设置不当产生焊接缺陷

2）收弧过程焊枪角度变换控制焊缝成形

① 在焊接过程中，焊枪在距离收弧前5~10mm处，应从前进角85°逐渐转变为后退角75°，然后，再渐变90°焊至3~5mm收弧点熄弧，此操作有助于优化收弧连接，进而控制焊接质量，如图2-64所示。

图 2-64　收弧过程焊枪角度变换控制焊缝成形

② 通过灵活运用收弧焊接电流与时间的结合，可实现如图2-65所示的不同收弧参数下的焊接效果，图2-65c所示收弧焊接效果好。

（三）焊接摆弧指令的工艺特点及应用

1. 焊接摆弧指令的工艺特点

机器人焊接中的摆弧指令是一种通过程序化控制电弧摆动，以改善焊缝成形、控制熔深、适应复杂接头并减少焊接缺陷的先进工艺技术。其核心特点包括摆动模式多样化、参数可编程性、适应复杂场景、热输入控制、自动化与一致性等。摆弧指令在厚板焊接、角焊

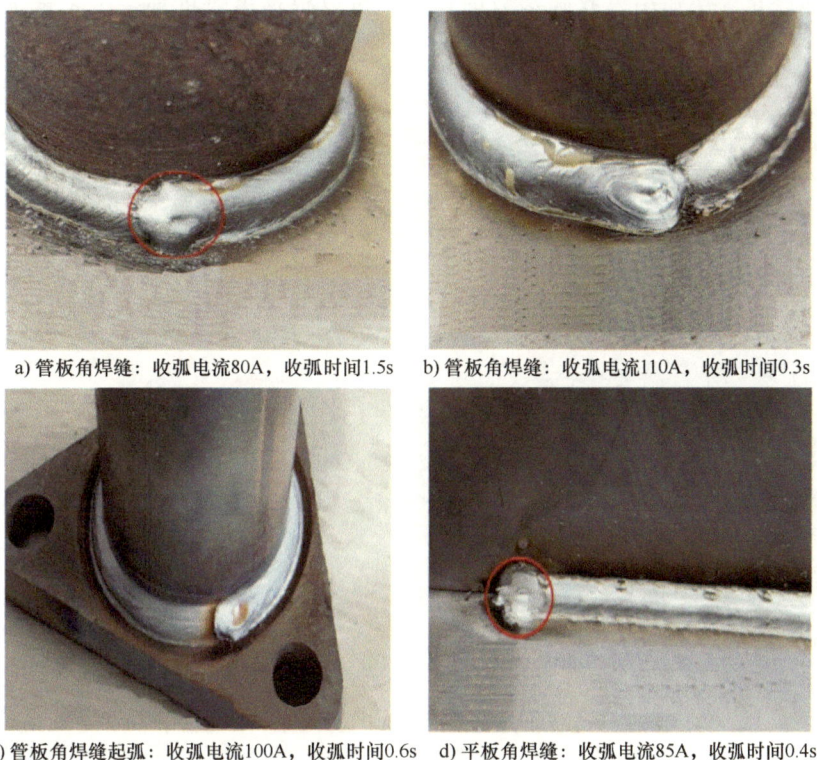

a) 管板角焊缝：收弧电流80A，收弧时间1.5s　　b) 管板角焊缝：收弧电流110A，收弧时间0.3s

c) 管板角焊缝起弧：收弧电流100A，收弧时间0.6s　　d) 平板角焊缝：收弧电流85A，收弧时间0.4s

图 2-65　不同收弧参数焊接效果

缝、窄间隙焊接等领域具有显著优势，摆弧参数有左右摆幅、频率、左右停留时间等。摆弧宽度决定了焊缝的横向尺寸，摆弧频率影响焊接速度和焊缝的均匀性，停留时间则用于控制熔池的形成和冷却。摆弧开始指令为 WeaveOn，摆弧结束指令为 WeaveOff。

2. 焊接摆弧指令工艺特点的应用

（1）摆弧指令的启动、终止以及振幅特性应用

1）摆弧启动。摆弧开始起弧参数的设置，可以根据焊接工艺要求灵活调节，如图 2-66 所示。

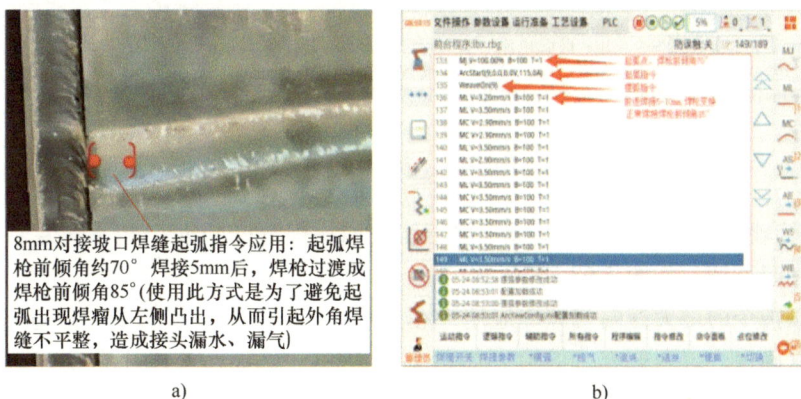

8mm对接坡口焊缝起弧指令应用：起弧焊枪前倾角约70° 焊接5mm后，焊枪过渡成焊枪前倾角85°(使用此方式是为了避免起弧出现焊瘤从左侧凸出，从而引起外角焊缝不平整，造成接头漏水、漏气)

a)　　　　　　　　　b)

图 2-66　摆弧开始起弧参数的设置

2）摆弧终止。摆弧结束收弧参数的设置，可以根据填弧坑焊接工艺来灵活调节，如图 2-67 所示。

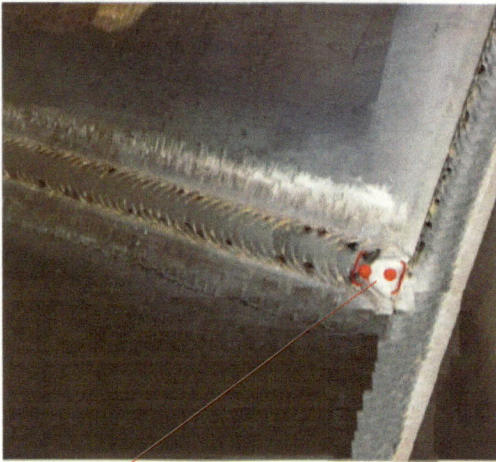

8mm对接坡口焊缝收弧指令应用：收弧前5mm，开始使用电流渐变指令，电流逐渐减小10A左右，焊枪角度由前倾角逐渐过渡成后倾角70°，使用小电流息弧，息弧时间0.7s（使用此方式是为了避免起弧出现焊瘤从左侧凸出，从而引起外角焊缝不平整，造成接头漏水、漏气）

a)

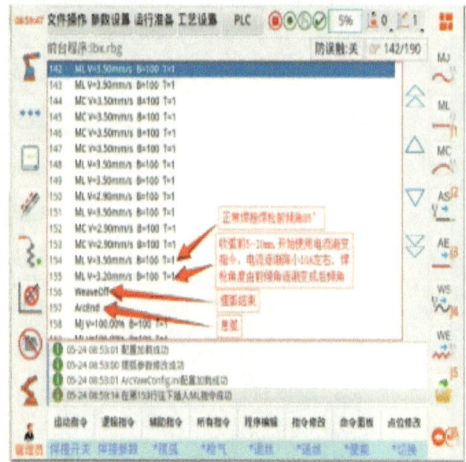

b)

8mm板角焊缝起弧指令应用：起弧电流100A，起弧时间0.6s；起弧焊枪工作角度45°，前倾角约70°；焊接5～10mm，焊枪过渡成工作角45°，前倾角85°；使用合理的焊接电流、电压和焊接速度

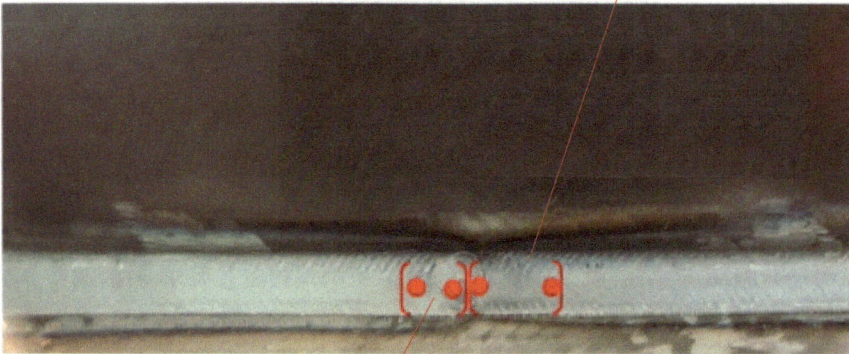

8mm板角焊缝收弧指令应用：收弧电流90A，收弧时间0.6s；收弧前5～10mm，开始使用电流渐变指令，电流逐渐减小10A左右，焊枪角度由前倾角逐渐过渡成后倾角70°，使用小电流息弧，息弧时间0.7s

c)

图 2-67　摆弧结束收弧参数的设置

3）振幅特性。摆动频率灵活调节，但不能在同一焊缝变换两个频率，左右摆幅、焊接速度及停留时间可调，如图 2-68 所示。

（2）摆弧指令的增大摆幅与频率应用　在处理厚板材料时，摆弧指令应适当增加摆动幅度与频率，以确保焊缝两侧充分熔合，如图 2-69 所示。然而，必须注意频率与焊接速度之间的相互关系。若焊接速度过慢而频率过高，则会导致焊缝填充金属量增加，熔池热量上升，从而可能出现焊缝塌陷或咬边现象。因此，在应用摆弧参数时，应灵活掌握频率、摆动

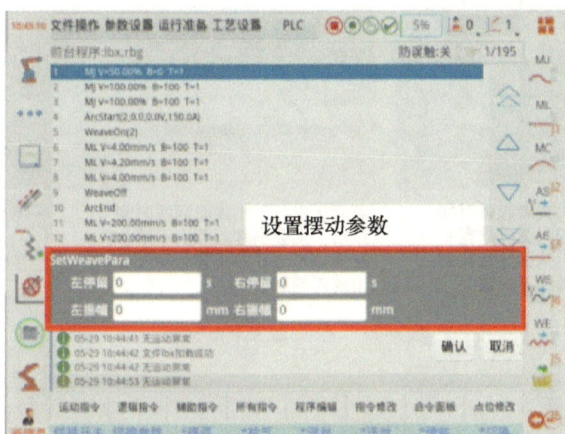

图 2-68　灵活调节摆动频率

幅度及停留时间，如图 2-70 所示。若振幅点设置不当，则极易产生缺陷，如图 2-71，图 2-72 所示。

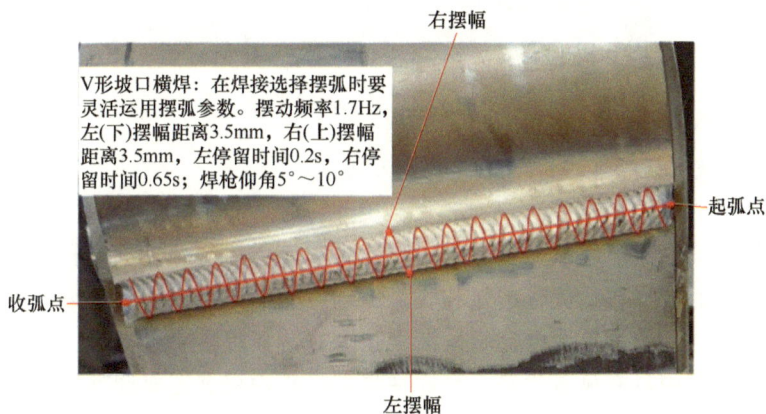

图 2-69　摆弧振幅点设置

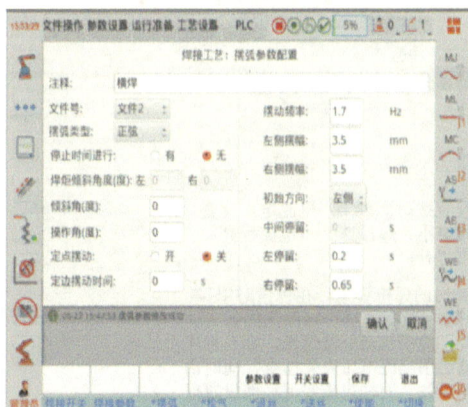

图 2-70　灵活运用摆弧参数

若起弧电流过大或者起弧时间
过长，则会引起起弧点熔宽变
宽，余高变高，从而导致起弧
点焊缝与后面焊缝不一致

若起弧电流过小或者起弧时间
过短，则会引起起弧点不熔合；
起弧点未熔合在息弧对接时会
出现焊缝脱节

焊缝脱节

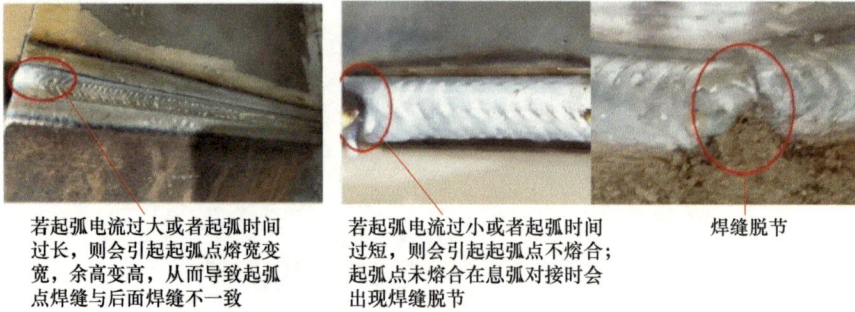

图 2-71   摆焊起弧的缺陷图

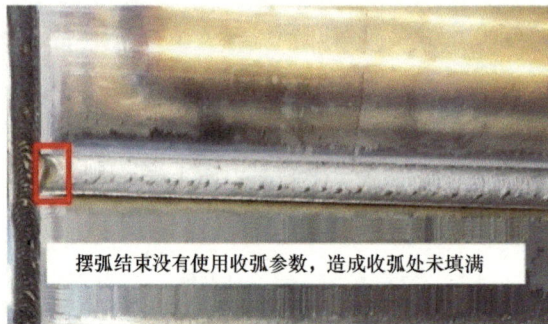

摆弧结束没有使用收弧参数，造成收弧处未填满

图 2-72   摆焊收弧的缺陷图

（四）焊接电流电压渐变指令的工艺特点及应用

1. 焊接电流电压渐变指令的工艺特点

机器人焊接中的电流电压渐变指令是一种通过程序化控制焊接电流和电压逐步变化的先进工艺技术。其核心特点包括优化起弧和收弧、动态热输入控制、参数可编程性、适应多种焊接方法、自动化与一致性等。电流电压渐变指令在薄板焊接、厚板焊接、高反射率材料焊接以及复杂接头焊接中具有显著优势，允许在焊接过程中根据需要调整摆动参数，以应对不同的焊接需求，从而优化焊接质量，如图 2-73 所示。

包角开始

包角结束

设置摆动参数(摆   电流电压突变
幅加大，焊接速   (电流降低)
度降低)

设置摆动参数(摆   电流电压突变
幅减小，焊接速   (电流提高)
度提升)

8mm包角焊缝：在编程时应注意包角时的焊枪姿态，在包角时用4条MC(圆弧运动)，每条MC变换姿态角度一致，这样可以保证摆弧工具姿态均匀变换，使焊缝成形均匀美观。由于包角处散热慢，容易形成塌陷、咬边，因此在包角时要灵活地运用电流电压突变指令，同时由于电流电压的变化会导致焊缝宽窄不一，同样也需要灵活地设置摆动参数指令

图 2-73   灵活设置突变电流电压和摆动参数的焊缝

2. 焊接电流电压指令工艺特点的应用

在焊接工艺中，包角焊接（也称为角焊缝或填角焊）是一种常见的焊接形式，通常用于连接两个垂直或近似垂直的焊件（如 T 型接头、搭接接头等）。在包角焊接中，电流电压渐变指令的应用可以显著提高焊接质量，尤其是在控制热输入、改善焊缝成形以及减少焊接缺陷方面。如运用不当，则极易产生焊接缺陷，如图 2-74 所示。

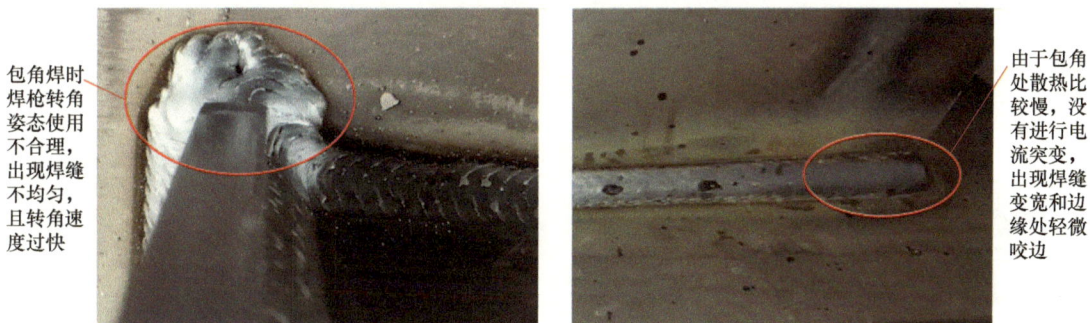

包角焊时焊枪转角姿态使用不合理，出现焊缝不均匀，且转角速度过快

由于包角处散热比较慢，没有进行电流突变，出现焊缝变宽和边缘处轻微咬边

图 2-74　包角缺陷图

复习思考题

一、选择题

1. QJRH1400H 型焊接机器人的最大承载重量是（　　）。

A. 4kg 　　　　 B. 6kg 　　　　 C. 8kg 　　　　 D. 10kg

2. 下面焊接设备中不需要安装在焊接机器人本体上的设备是（　　）。

A. 送丝机构 　　 B. 焊枪 　　　 C. 清枪站 　　 D. 送丝盘

3. QJRH1400H 型焊接机器人的最大臂展是（　　）。

A. 1410mm 　　 B. 1610mm 　　 C. 1410.5mm 　 D. 1610.5mmm

二、判断题

1. 运动指令 MCE 属于圆弧运动。（　　）

2. 在操作盒上启动运转程序，无须打开伺服电源。（　　）

3. 示教器模式选择开关处于 TEACH 示教模式下时，用于示教、编辑程序和焊接。（　　）

4. 机器人 TCP 错误，不仅会造成编程困难以及自动运行时转角度出现偏差，还会造成焊接摆弧方向错误。（　　）

5. 在进行变位机 8 轴协同标定时，需要记录 P1、P2、P3、P4、P5、P6 六个点进行协同标定。（　　）

6. 每次开机操作机器人时均需要重新校正 TCP 和零点。（　　）

三、简答题

1. 变位机协同分为哪几个步骤？

2. 机器人出现编码器掉电后需要如何清除？清除后需要做哪些步骤才能使机器人能够

正常使用？

　　3. 如何修改程序点位？

　　4. 采用哪些办法可以缩短机器人节拍？

　　5. 模拟通信焊机如何匹配电流和电压？

　　6. 在编写焊接程序前，需标定工具坐标，目的是什么？

【榜样的力量】

大国工匠：高凤林

　　高凤林，中共党员，特级技师。1980年参加工作，一直从事火箭发动机焊接工作至今，攻克了一系列火箭发动机焊接技术世界级难关，为北斗导航、嫦娥探月、载人航天、国防建设等国家重点工程的顺利实施以及长征五号新一代运载火箭研制做出了突出贡献。他先后荣获国家科技进步二等奖、部科技进步一等奖、全军科技进步二等奖等科技进步奖 30 多项，获得全国十大能工巧匠、中华技能大奖、全国技术能手、中国高技能人才十大楷模、全国青年岗位能手、中央国家机关"十杰青年"、首次月球探测工程突出贡献者、全国五一劳动奖章等荣誉近百项。

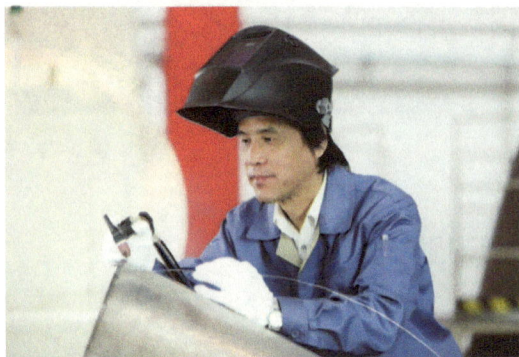

　　他热爱航天、勤奋实践、立足本岗、刻苦钻研，在焊接方面怀揣超人的独特技能，是理论与实践实现最佳结合的典范。在新型大推力氢氧发动机等新产品的研制生产、科技攻关中，他多次想人所未想，做人所未做，以非凡的胆识，严谨的推理，娴熟的技艺攻克难关，并结合自己对焊接过程的特殊感悟，深刻理解，灵活而又创造性地将所学知识运用于自动化生产、智能控制等柔式加工中，为国防和航天科技现代化做出了杰出贡献，给企业带来巨大效益。

【知识目标】

1. 了解焊接焊件定位与加紧的基本知识。
2. 掌握机器人焊接焊件的定位与加紧的原理和目的。

【能力目标】

1. 能正确选择和使用机器人焊接焊件定位与加紧的工装和工具。
2. 能准确判断机器人焊接焊件在工装台定位的合适位置，确保机器人能够正确达到所有焊接位置。
3. 能正确进行机器人焊接焊件定位与夹紧的操作。

【素养目标】

1. 培养机器人焊接工艺的专业素质。
2. 培养专注、细心、精准、效率的岗位特质。

焊件的精确定位与稳固夹紧对于确保焊接质量和稳定性至关重要。通过精确的定位和可靠的夹紧，可以保证焊缝的精度和一致性，进而提升产品质量和生产率。在常规的焊接过程中，六点定位法被广泛应用于焊件定位，这是一种广义上的定位方式。然而，在机器人焊接中，通常使用柔性组合夹具来精确确定焊件的位置，这是一种更为具体、狭义的定位方法。本章将深入剖析机器人焊接中焊件定位与夹紧的原理、方法和实际应用案例。

▶ 第一节　机器人焊接焊件的定位

焊件定位是精确确定焊件在空间中的位置和姿态的过程，这通常通过一系列技术和方法来实现。在机器人焊接领域，为了满足不同应用场景和需求，经常采用多种定位方法。

一、基于机械限位定位法

基于机械限位定位法是一种简单直观的方法，它利用机器人的机械臂或极限开关等装置来确保焊接任务的准确定位（见图3-1）。这种方法由于依赖于固定的机械结构，因此只适用于基础且简单的场景。

二、基于视觉定位法

视觉定位法技术则借助先进的机器视觉系统（见图 3-2），通过识别和分析焊件上的特征点或标记来实现精准定位。这种方法特别适用于处理形状各异、尺寸非标准的焊件，具有极高的灵活性和适应性。

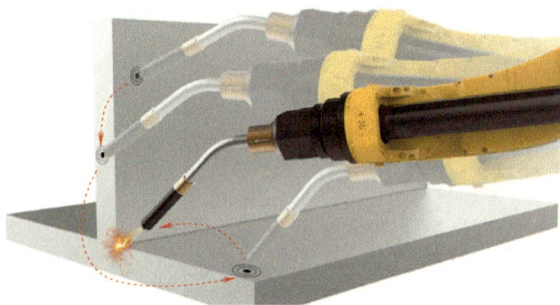

图 3-1　机械限位定位法

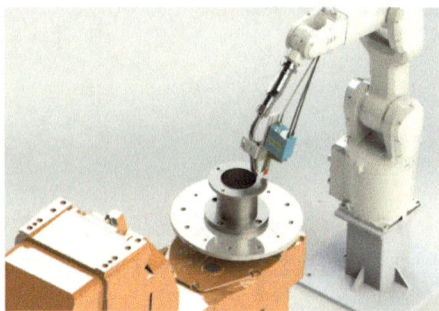

图 3-2　视觉定位法

三、基于激光跟踪定位法

激光跟踪定位技术则通过激光测距仪等设备实时监测并反馈焊件的位置和姿态信息（见图 3-3），使机器人控制系统能够实时调整，确保焊接过程的稳定性和准确性。这种方法在高精度和高效率的焊接应用中表现出色，为现代制造业提供了强大的技术支持。

四、焊件定位的条件

机器人焊接焊件位置的确定，是确保顺利完成焊接任务的关键因素之一。在确定焊件位置时，需满足以下五个条件。

图 3-3　激光跟踪定位法

（1）**焊接机械臂的可达性**　焊件的位置应处于焊接机械臂的工作范围内，保证机械臂能够无障碍地抵达并接触待焊接部位。考虑到机械臂的长度、关节角度限制和运动轨迹，必须确保焊件的布局允许机械臂以适当的姿态进行焊接操作。应避免将焊件放置在机械臂无法触及或接近极限的区域，以确保焊接过程的流畅进行（见图 3-4）。

超出机器人极限位

图 3-4　焊接机械臂的可达性

（2）焊接机械臂的稳定性　确保焊接过程稳定，包括机械臂和焊件本身的稳定性。选择适当的夹具和固定装置来稳固焊件，防止其在焊接过程中发生移动或变形。同时，焊件的位置应避免奇异点（见图3-5），确保机械臂在操作过程中保持平稳。此外，焊件应放置在一个稳定且不易受外部干扰的位置上，以保证焊接的精度和质量。

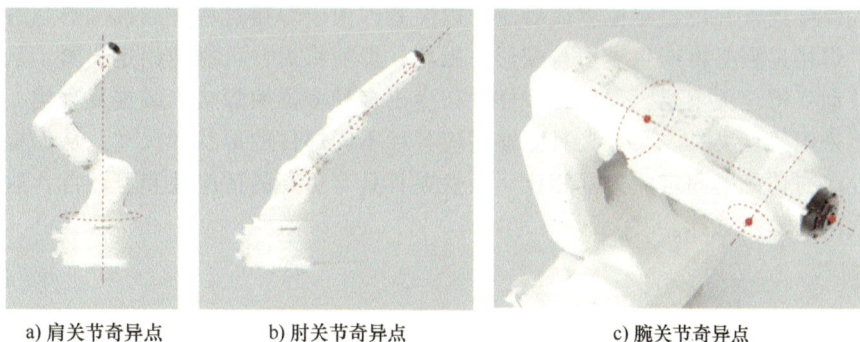

a) 肩关节奇异点　　b) 肘关节奇异点　　c) 腕关节奇异点

图 3-5　焊接机械臂的稳定性

（3）焊接过程的连续性　优化焊件布局，便于焊接机械臂连续地进行焊接作业，减少不必要的停顿和重新定位的次数。合理安排焊件的位置和方向，使焊接路径尽可能顺畅，减少机械臂的移动距离和时间，确保焊接过程的连续性，从而提高整体焊接效率。

（4）焊接质量的满足性　焊件的位置应有助于获得高质量的焊缝，符合相关标准和要求。综合考虑焊缝的位置、角度和尺寸等因素，选择最佳的焊接位置和姿态，以获得理想的焊接效果。同时，要确保焊件的位置不会引入任何不利于焊接质量的因素，如示教时视线的阻碍、过大的热输入、残余应力等。图3-6示出焊件的位置对焊接质量的影响。

（5）人员的安全性　在焊件定位过程中，还应考虑在编程焊接时人员的安全性，需要全面斟酌焊件的定位位置。在满足焊接条件的前提下，应该尽量将焊件的焊缝放置

图 3-6　焊件的位置对焊接质量的影响

在便于观察的位置，从而减少操作人员因视线受阻而导致偏差和错漏的潜在风险。此外，在满足其他条件的情况下，应尽量避免焊件与机器人过于接近，进而减少人员处于机械臂下方示教的概率（见图3-7），防止人员与机器人发生碰撞或遭受机械臂在移动时的撞击伤害。

焊接机器人安全示教

图 3-7　焊件定位位置与人员的安全性

▶ **第二节**　夹具的类型

　　机器人焊接焊件在位置定位完成后应予以夹紧，由于焊接过程中局部受热且各部分冷却速度不同，焊接过程必将产生应力与变形，因此，焊前将焊件可靠地固定夹紧，从而减小焊后变形和移动变得至关重要。焊件的多样性衍生出多种多样的焊接工装夹具种类，在机器人焊接中，多采用柔性夹具。柔性夹具能够适应各种不同焊件的形状和尺寸，从而提高了生产率和灵活性。与传统的固定式夹具相比，柔性夹具具有更高的适应性和可调性，这使得它们成为机器人中的理想选择。

一、柔性夹具

　　柔性夹具是指用同一夹具系统能装夹在形状或尺寸上有所变化的多种焊件上，焊件可以在小范围变化，也可以在大范围变化。柔性夹具能自动适应新产品，或者能迅速地在原有夹具的基础上，经过少量零部件的结构调整、更换就可满足新产品的生产要求。当前，研究和应用的柔性焊装夹具一般属于传统夹具的创新。

二、组合夹具

　　组合夹具是由可循环使用的标准夹具零部件或专用零部件组装成的易于连接和拆卸的夹具。它是在夹具完全模块化和标准化的基础上，由一整套预先制造好的标准元件和组件，针对不同焊件对象迅速装配成各种专用夹具，这些夹具元件具有互换性。夹具使用完毕后，再拆散成元件和组件，因此是一种可重复使用的夹具。图 3-8 所示为专用夹具和组合夹具的使用过程及其比较，可见，使用组合夹具具有显著的技术经济效果，符合现代生产的环境保护要求，主要表现在以下四个方面。

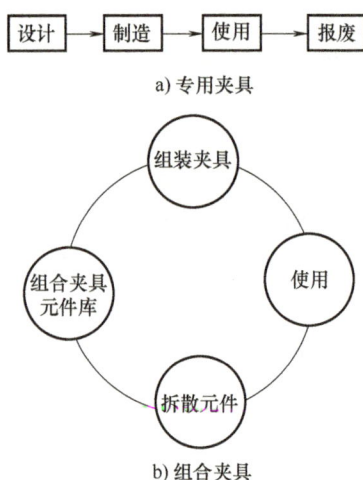

a) 专用夹具

b) 组合夹具

图 3-8　专用夹具和组合夹具的使用过程及其比较

　　（1）缩短生产准备周期　组合夹具的使用，可使生产准备周期缩短 80% 以上，数小时内就可完成夹具的设计装配，同时也减少了夹具制作人员的工作量，这对缩短产品交货期和加快新产品上市有重要意义。

　　（2）降低成本　由于元件的重复使用，大大节省了夹具制造工时和材料，降低了成本。

　　（3）保证产品质量　生产中常由于夹具设计制作不良，造成零件加工后报废，组合夹具有重新组装和局部可以调整的特点，零件加工出现问题后，可进行调整予以补救，这对提高质量有重要意义。

　　（4）扩大工艺装备的应用和提高生产率　小批量生产中，由于专用夹具设计制造周期长、成本高，故很少采用夹具，因而质量差、效率低。有了组合夹具，即使批量小，甚至单件生产也能轻松应对，可用组合夹具来保证产品质量和提高生产率。

组合夹具也有缺点，它与专用夹具相比，体积庞大、质量较大。另外，夹具各元件之间都是用键、销、螺栓等零件连接起来的，连接环节多，手工作业量大，且不能承受锤击等过大的冲击载荷。

组合夹具按元件的连接形式不同，分为两大系统：一为槽系，即元件之间主要靠槽来定位和紧固；二为孔系，即元件之间主要靠孔来定位和紧固。

1. 槽系组合夹具

槽系组合夹具是在元件上制作有标准间距的相互平行及垂直的 T 形槽或键槽，通过键在槽中的定位，就能准确决定各元件在夹具中的准确位置，元件之间再通过螺栓连接和紧固。图 3-9 所示为槽系组合夹具所用元件及夹具结构图。

通常，槽系组合夹具元件分为 8 类，即基础件、支承件、定位件、导向件、压紧件、紧固件、辅助件和合件，各类元件的功能分别说明如下。

（1）基础件　基础件用作夹具的底板，其余各类元件均可装配在其上面，包括方形、长方形、圆形的基础板及基础角铁等。

（2）支承件　支承件从功能看也可称为结构件，和基础件一起共同构成夹具体。除

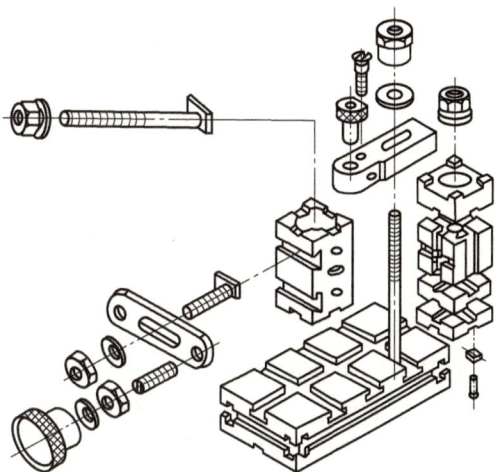

图 3-9　槽系组合夹具所用元件及夹具结构图

基础件和合件外，其他各类元件都可以装配在支承件上。这类元件包括各种方形或长方形的垫板、支承件、角度支承、小型角铁等，这类元件类型和尺寸规格多，主要用作不同高度的支承和各种定位支承需要的平面。支承件上开有 T 形槽、键槽、穿螺栓用的过孔，以及连接用的螺栓孔，用紧固件将其他元件和支承件固定在基础件上连接成一个整体。

（3）定位件　其主要功能是用作夹具元件之间的相互定位，如各种定位键，以及将工件孔定位的各种定位销、用于工件外圆定位的 V 形块等。

（4）导向件　其主要功能是用作孔加工工具的导向，如各种镗套和钻套等。

（5）压紧件　其主要功能是将工件压紧在夹具上，如各种类型的压板。

（6）紧固件　紧固件包括各种螺栓、螺钉、螺母和垫圈等。

（7）辅助件　不属于上述六类的杂项元件均称为辅助件，如连接板、手柄和平衡块等。

（8）合件　合件是指由若干零件装配成的有一定功能的部件，它在组合夹具中是整装整卸的，使用后不用拆散，这样，可加快组装速度，简化夹具结构。合件按用途可分为定位合件、分度合件、夹紧合件等。

应该指出的是，虽然槽系组合夹具元件按功能分成各类，但在实际装配夹具的工作中，除基础件和合件两大类外，其余各类元件大体上按主要功能应用，在很多场合，各类元件的功能都是模糊的，只是根据实际需要和元件功能的可能性加以灵活使用，因此，同一工件的同一套夹具，因不同的人可以装配出千姿百态的各种夹具。

2. 孔系组合夹具

孔系组合夹具指夹具元件之间的相互位置由孔和定位销来决定，而元件之间用螺栓或特制的定位锁紧销栓连接。图 3-10 所示为孔系组合夹具所用元件及夹具结构图。

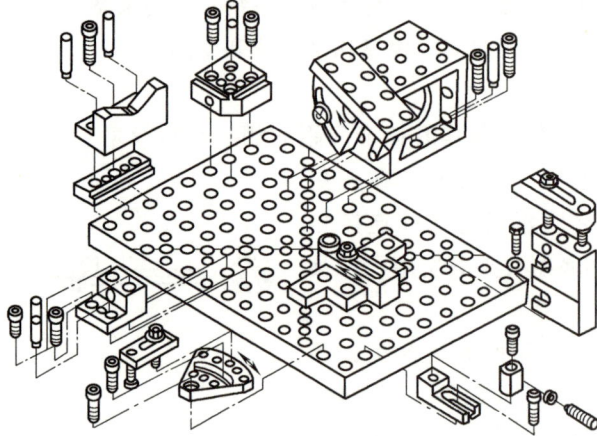

图 3-10　孔系组合夹具所用元件及夹具结构图

孔系组合夹具元件之间相互位置是由孔和销来决定的。为了准确、可靠地决定元件相互空间位置，采用了一面两销的定位原理，即利用相连的两个元件上的两个孔，插入两根定位销来决定其位置，同时再用螺钉将两个元件连接在一起。对于没有准确位置要求的元件，可仅用螺钉连接，因此部分孔系元件上都有网状分布的定位孔和螺纹孔。如果采用特制的锁紧销栓连接，基础件和定位件上也可以省去螺纹孔。图 3-11 所示为锁紧销栓。

锁紧销栓前端装有五个钢珠，插入定位孔后，手动顺时针旋转销栓的滚花螺母，五个钢珠会逐渐凸出，销栓自动对中并夹紧模块，最后用手工专用扳手拧紧。每个销栓的夹紧力可达 50kN，剪切力为 250kN。松开时，反向旋转销栓的滚花螺母，钢珠自动缩回销栓内部，销栓即可拔出。销栓上的 O 形圈可防止旋紧时销栓跟着转动，便于单手操作。一个销栓同时完成定位和夹紧功能，一件多用，其设计构思非常巧妙。根据使用场合的不同，销栓的形状和长度有多种规格可供选择。

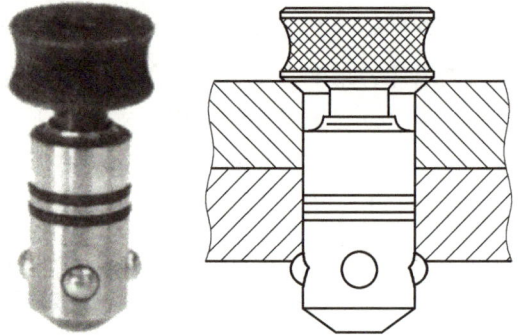

图 3-11　锁紧销栓

孔系组合夹具元件大体上可分成六类，即基础件、结构件、定位件、夹紧件、结合件和附件。与槽系组合夹具相同，孔系组合夹具中多数元件的功能也是模糊的，结构件和夹紧件可以充作定位件，定位件也可以作为结构件，等等，可根据实际需要和元件功能加以灵活使用。

与槽系组合夹具相比较，孔系组合夹具有下列优缺点。

（1）元件刚度高　孔系组合夹具的基础件，虽然其厚度较同系列槽系薄，上面又加工了众多的孔，但仍为整体的板结构，故刚度高；而槽系组合夹具的基础件和支承件表面布满了纵横交错的 T 形槽，造成截面上的断层，严重削弱了结构的刚度。因此，孔系组合夹具的刚度比槽系高。

（2）制造和材料成本低　因为孔系元件的加工工艺性好，精密孔系的坐标磨削成本虽高，但在采用粘接淬火定位衬套和孔距样板保证孔距后，工艺性能好，成本比 T 形槽低。此外，槽系夹具元件为保证高强度性能，一般使用合金钢材料，而孔系夹具元件基体都使用普通碳素钢或优质铸钢，因而制造和材料成本大为降低。

（3）组装时间短　由于槽系组合夹具在装配过程中需要进行较多的测量和调整，而孔系组合夹具的装配大部分只要将元件之间的孔对准并用螺钉紧固即可，因而装配工作相对容易和简单，要求装配工人的熟练程度也比较低。

（4）定位可靠　孔系元件之间由一面两销定位，与槽系夹具中槽和键的配合相比，在定位精度和可靠性方面都要高；同时，任何一个定位孔均可方便地作为数控机床加工时的坐标原点。

（5）孔系组合夹具装配的灵活性差　孔系组合夹具上元件位置不方便作无级调节，元件的品种数量不如槽系组合夹具多，从组装的灵活性来看，也不及槽系组合夹具好。因此，当前世界制造业中，孔系和槽系并存，但以孔系更具有优势。我国设计的槽系组合夹具和孔系组合夹具是针对机械加工行业的，焊接生产中使用的组合夹具可以采用机械加工使用后退役下来的或低精度的组合夹具。这是因为除了一些精密焊件外，多数焊件要求的装配精度和焊接精度均低于机械加工的精度，使用这些退役或低精度的元件，完全可以满足产品质量的要求，而且比较经济。

此外，要针对焊装夹具的结构特点来设计组合夹具。焊装夹具由基础支承部件、定位件、夹紧件、辅助件与控制系统五个部分组成。其中基础支承部件、定位件、夹紧件是夹具结构设计的主要内容。

基础支承部件包括方形基础、圆形基础、支架、基础角铁。

定位件包括定位销、挡铁、平面定位板、曲面定位板等。

夹紧件包括螺旋夹紧机构、杠杆夹紧机构、铰链夹紧机构、复合夹紧机构等。

焊装夹具柔性化结构设计的关键是对焊装夹具零部件进行标准化、模块化、通用化、系列化，以及采用可调式结构设计，这也是焊装夹具开发和研究的一个方向。

▶ 第三节　夹具的应用

三维柔性组合夹具是一种孔系夹具系统，有 D28（孔径 28mm）和 D16（孔径 16mm）两个系列。如图 3-12 所示，它以带网格孔的工作台为基础，配备各种功能模块，相互间用锁紧件进行连接，采用带补偿功能的螺旋夹紧器夹紧被焊焊件。根据需要，也可以配备液压、气动等多种形式的夹紧装置。

一　组合夹具中的常用件

1. 焊接平台

在焊接平台的上面和侧面，每隔 100mm 均布 ϕ28mm 的圆孔（D28 系列），或每隔

50mm 均布 φ16mm 的圆孔（D16 系列），并以同样的间隔画有尺寸线，高精度台面边缘有毫米刻度线。这些圆孔可用于拼接各种功能的定位模块。台面有方形、六边形、圆形、异形等，支承脚有固定脚、伸缩脚、带移动轮脚等，以适应各种不同的需要，如图 3-12 所示。

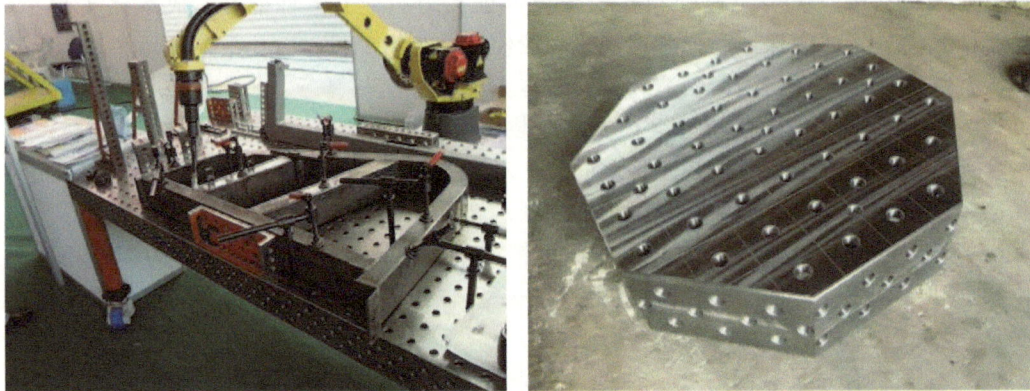

图 3-12 焊接平台中的三维柔性组合夹具

焊接平台作为三维柔性组合夹具的基础，是焊件的支承体，模块、锁紧件、夹紧器均在此台面上完成组装、定位与夹紧。因此对焊接平台技术要求有：

1）材质：常用的材质有 Q235、优质低合金钢、SUS304、HT300 等，现一般选用一体铸造的 HT300，并对其进行整体退火处理，同时进行自然时效，时长 6 个月以上，以消除内应力。

2）表面加工后无任何气孔、砂眼、冷隔、裂纹、补焊等缺陷。

3）平面度应达到 0.1/1000；工作面侧面与上表面垂直度应达到 0.1/200；两侧边相互之间平行度、垂直度应达到 0.1/1000。

4）工作表面粗糙度：$Ra1.6\mu m$（表面应没有加工痕迹）；孔径尺寸：（28.10+0.03）mm，孔间距：（100+0.03）mm。

5）铸铁平台工作面网格线规格：100mm×100mm+0.05mm，台面边缘 X、Y 方向都带有毫米的刻度线。

2. 支承件

支承件主要用于支承焊件，也起着定位的作用。支承件的优点在于其高度的灵活性和可重构性。支承件通常为标准化的模块，这些模块可以自身组合拼接或结合其他模块（如定位件、锁紧件、压紧件等）相互组合拼接，以构建出符合特定焊件需求的夹具结构。图 3-13 所示为支承件的几种形式。

3. 定位件

定位件是为了保证焊件达到一定尺寸精度要求而将焊件精确定位的元件，如图 3-14 所示。定位件平面度应达到 0.15/1000，垂直度应达到 0.15/1000。定位平尺、定位角尺和平面角尺上面加工有孔和槽，并且有不同的尺寸，一般配合锁紧件使用，通过孔和槽完成定位，也有时用作焊件的压紧。V 形定位块一般配合压紧件对管状焊件进行定位。

4. 锁紧件

锁紧件按结构分有很多种，如图 3-15 所示。平台与平台之间连接时，多使用沉头锁紧

a) 支承角铁　　　　　　　　b) L形方箱　　　　　　　　c) U形方箱

图 3-13　支承件的几种形式

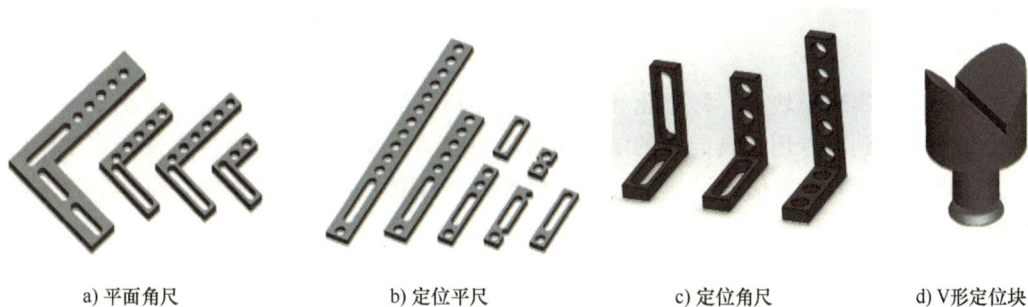

a) 平面角尺　　　　b) 定位平尺　　　　c) 定位角尺　　　　d) V形定位块

图 3-14　定位件的形式

销；快速锁紧销、手柄快速锁紧销主要用于模块与模块、模块与焊件、模块与平台之间的紧固。实际工作中，快速锁紧销使用最为广泛，其内部装有 5 个同心滚珠，当松动锁紧销螺纹时，钢珠会自动缩回锁紧体内部，这时锁紧销可以插入或抽出；使用时，拧紧锁紧销头部螺纹，钢珠会逐渐凸出，锁紧销会自动对中并锁紧模块，最后用六角扳手拧紧即可。

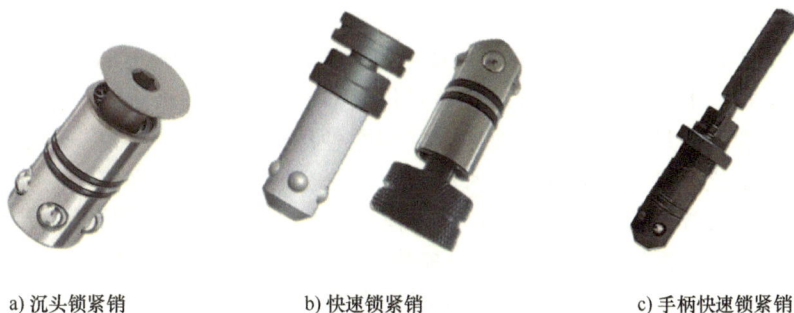

a) 沉头锁紧销　　　　　　b) 快速锁紧销　　　　　　c) 手柄快速锁紧销

图 3-15　锁紧件的形式

5. 压紧件

　　压紧件主要用于模块与焊件之间的紧固，保证焊件在焊接过程中不被位移，相对于锁紧件用途较为单一，但使用频率与锁紧件一样。压紧件可单独插入平台面孔使用，也可与定位件、支承件和合件中的夹紧转角套组合使用。图 3-16 所示为压紧件的形式。

a) 90°螺旋压紧器　　　b) 与夹紧转角套组合45°螺旋压紧器　　　c) 与夹紧转角套组合180°螺旋压紧器

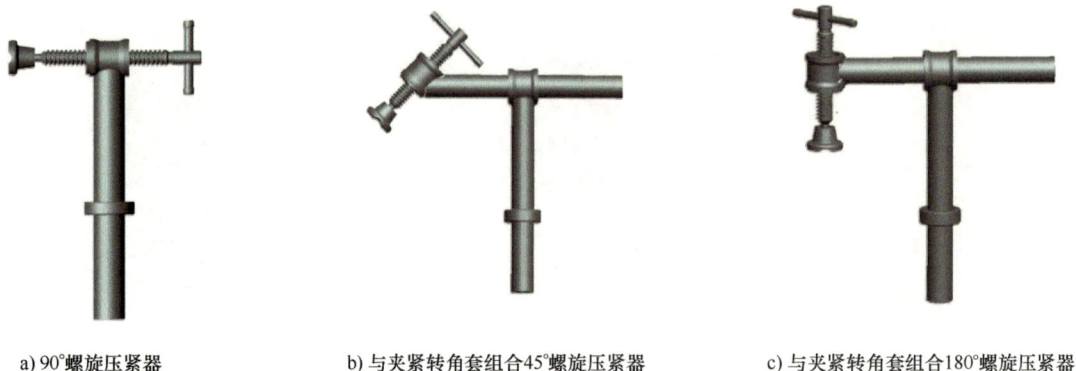

图 3-16　压紧件的形式

二、三维柔性组合夹具的特点

1. 柔性化

夹具元件均实现模块化、标准化和系列化，互相匹配，可在三维空间像搭积木一样任意拼装，几乎可达到与专用夹具同样的定位和夹紧功能。拼装速度快，装拆方便。在工作台和模块上，以 25mm 为整数倍的尺寸都可以直接找到，再配上少量的调整块，便可十分方便地准确定位。

2. 高精度

工作台和所有功能模块均具有较高的加工精度，长 4m、宽 2m 的工作平台的平面度误差在 0.03mm 以内，定位孔的位置误差在 0.1mm 以内，夹具支承面的垂直度和平行度为 0.01/500。

3. 重复性

使用 CAD、三维建模等设计软件，可以非常方便地对样件进行模拟装配。精确的模块尺寸保证了装配精度，节省了产品的开发时间和成本。

三、应用实例

实例一：图 3-17 所示为机器人焊接比赛用组合焊件。该焊件的上部是单斜面箱体结构，下部为矩形板材。此类焊件仅需对下部的底板进行定位夹紧操作，即可满足机器人焊接要求。使用柔性组合夹具时，可以巧妙地结合矩形定位平尺与锁紧件这两种模块，轻松实现焊件的精准定位和稳固夹紧。完成焊件焊接后，D、E 组合模块将作为限位基准保持不动，无须拆卸。仅需拆卸 A、B、C 组合模块，即可便捷地更换焊件，大大节省了再次测量尺寸、重新定位焊件的时间和精力。

三维柔性夹具应用

实例二：图 3-18 所示为某型号车架框。过去，在焊接前，必须制作专用工装来确保焊件的平行度和弯曲度，这一流程从设计到完成工装制作，较为耗时且费用高昂。专用工装使用完毕后还需占用存储空间以备后用。通过采用柔性组合夹具，能够在三维建模或 CAD 等软件中设计出多套装配方案，进行模拟装配，从而选择最佳方案来完成拼装焊接工作。更重要的是，这套工装在使用完毕后可以立即拆除，其模块还可以用于其他工装的组合，大大提高了效率和灵活性。

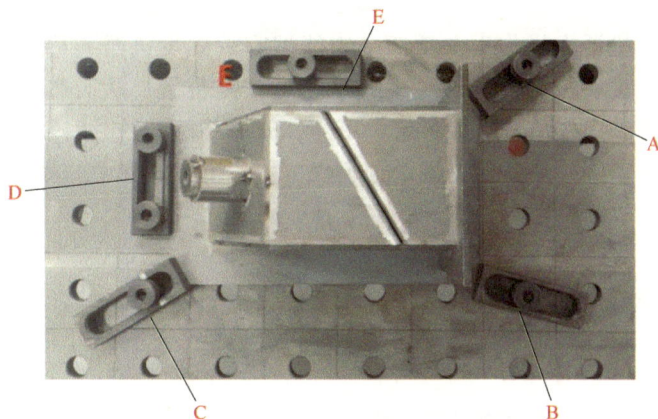

图 3-17　机器人焊接比赛用组合焊件

图 3-18　某型号车架框

▶ 第四节　　定位、夹紧与编程

　　随着技术的不断进步和创新，未来将会有更多先进的焊接机器人系统和解决方案出现。这些新系统将具备更高的灵活性、智能化和适应性，能够更好地满足各种复杂焊接需求。使用焊接机器人对焊件进行焊接，相对人工焊接自由性要小很多，这是由于机械臂长度受限制，无法像人类焊工那样灵活地适应各种位置和角度的焊缝，因此在焊件的定位时，应充分了解焊件的结构，使焊件处于一个合理的位置，以完成焊接工作。

一、定位对编程与焊接的影响

1. 焊接质量

　　焊接位置的准确性对焊接质量具有至关重要的影响。一旦定位不正确，程序文件中的焊接指令就不能准确地反映焊接焊缝的位置，进而引发焊偏现象，导致焊接不牢固、外观粗糙甚至出现内部缺陷。这些问题不仅严重影响产品的整体美观度，更会对产品的安全性和耐用性构成潜在威胁，降低其使用寿命和可靠性。因此，确保焊接位置的准确是保障高质量焊接的关键所在。

2. 生产率

精确的定位对于机器人操作至关重要，它能够有效减少机器人移动的误差和所需的时间。通过实现精准定位，机器人能够更准确地到达预定位置，从而避免不必要的偏移或偏差，显著提高生产率和工作质量。如果定位不当，就需要额外的时间来重新编程和调整机器人的运动轨迹，以纠正焊接位置的错误，这不仅增加了生产过程中的复杂性和耗时性，还可能引发更多的错误和故障。

3. 工艺一致性

焊接机器人能够依据预先编程的焊接程序文件，精准且重复地执行焊接任务，从而确保批量生产中产品的一致性。定位的准确则是保证每次焊接工艺稳定性和可重复性的关键。

4. 安全性

准确的定位有助于机器人精确地执行焊接任务，确保在操作过程中与周边设备或焊件保持安全距离，从而有效避免潜在的碰撞风险，显著降低工伤事故的发生率，为操作人员提供更加安全、可靠的工作环境。

5. 灵活性和适应性

高精度的定位为机器人赋予了强大的适应性和灵活性。面对不同的焊接任务和环境变化，能够迅速而准确地调整机器人的焊接路径和参数，确保焊接过程的高效、精准进行。

6. 降低成本

通过实现精确的定位技术，能显著优化生产成本。精确定位确保机器人在焊接中准确到位，减少材料浪费，提升资源利用效率，也降低因定位不精确导致的焊接缺陷，减少修复的成本和机器人停机时间，进而降低生产成本。

7. 技术进步

随着自动化和智能制造技术的迅猛发展，精确的焊接定位技术已成为推动焊接工艺不断进步的关键因素之一。这种技术不仅提升了焊接的精确度和效率，更代表了现代制造业的技术水平和竞争力。通过不断优化和创新焊接定位技术，能够更好地满足对于高质量、高效率焊接产品的需求，进一步推动制造业的转型升级和可持续发展。

综上所述，机器人焊接定位的精确性对于提高焊接产品质量和生产率、确保工作安全以及推动制造业技术进步都具有至关重要的作用。

二、 定位的影响因素

焊件的定位，就是焊件在机器人 X、Y、Z 轴空间上位置的确定。焊件的空间位置的确定还应考虑诸多因素，应从焊接机械臂的可达性、稳定性、编程的连续性、焊接质量的满足性以及人员的安全性等多个方面进行综合考虑，调整焊件的几何方向、位置和距离，使焊件在平面位置、立面位置和其他空间位置中的焊缝均处于焊接机器人工作范围内。

1. 焊接角度的影响

机器人焊接角度与所焊接焊缝的空间位置密切相关，焊接角度随焊接位置改变而变化，机器人机械臂的极限值也随之变化。以平焊为例，如图 3-19 所示，焊接角度垂直于工作平台时，机械臂极限最远可达 A_1 点，最近可达 A_2 点；当焊接角度外倾时，机械臂极限最远可达 B_1 点，最近可达 B_2 点；当焊接角度内倾时，机械臂极限最远可达 C_1 点，最近可达 C_2 点。通过平焊时焊接角度的变化而影响机器人的极限值结果，可以推断在焊接其他位置时，焊接的角度也同样影响机器人的极限值，进而影响焊件的定位位置，因此焊件在定位时，应充分考虑焊接角度的影响，选择合理的焊件位置，避免焊缝超出焊接机器人的工作范围。实际焊接过程中，还应考虑到机器臂的稳定性，应避免焊缝接近焊接机器人的极限位置。

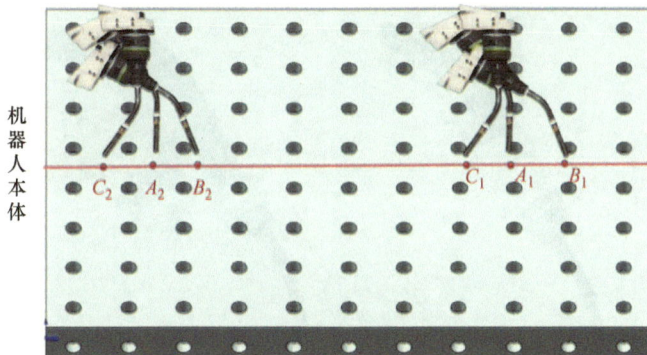

图 3-19　焊接角度的影响

2. 焊枪弯曲角度的影响

目前，焊接机器人常用的焊枪弯曲角度主要有 22°和 45°两种，如图 3-20 所示。焊接过程中，焊接角度趋近于 90°时，使用 22°弯曲角的焊枪能够使机器人的机械臂工作范围达到最大化；但当面对复杂的焊件，焊缝空间分布广泛且焊接角度变化幅度较大时，选择 45°弯曲角的焊枪会更为合适。

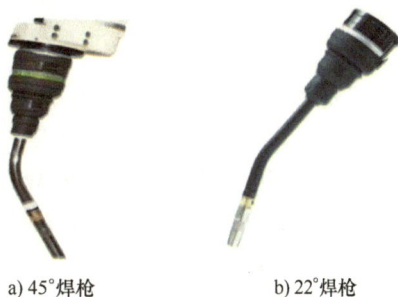

a) 45°焊枪　　　　b) 22°焊枪

图 3-20　焊枪的弯曲角度

如图 3-21 所示，在特定情况下（如焊件已无法移动），当选用 22°焊枪，在机械臂运行至极限位置时，仍可能无法满足特定的焊接角度要求。此时，通过更换为更大弯曲角度的焊枪，可以在不改变机器人机械臂姿态的前提下，满足焊接需求，从而提高定位可达性和灵活性。

图 3-21　焊枪弯曲角度的影响

3. 焊枪形式的影响

焊接机器人目前配备的焊枪主要分为内置和外置两种类型，如图 3-22 所示。内置式焊枪直接固定于机器人的第六轴上，该轴采用中空设计，使得焊枪的送丝管与保护气体管能够顺畅穿入；而外置式焊枪则通过专门的安装支架进行固定，其送丝和气管均设置在外部。鉴于外置焊枪占据的空间较大且机构外置的特点，对于结构复杂的框架式焊件，推荐优先选用内置式焊枪，可有效避免在焊接过程中发生干涉现象，确保更高的可靠性和更小的操作障碍。

a) 内置式焊枪   b) 外置式焊枪

图 3-22   焊枪形式的影响

4. 平台高度的影响

机器人柔性焊接平台的高度是由平台的支承腿（件）确定的，常用焊接平台整体高度是 1.2m 或 1.0m，在焊接过高的焊件时，使用常用高度的焊接平台，会有部分焊缝超出焊接机器人工作的极限高度，此时应根据焊件的实际情况，选择适合高度的支承腿（件）（见表 3-1），通过调整焊接平台高度，降低焊件的高度，从而顺利完成焊接工作。

表 3-1   机器人柔性焊接平台支承腿尺寸

编号	支承腿直径/mm	支承腿高度/mm	编号	支承腿直径/mm	支承腿高度/mm
1	ϕ89	300	5	ϕ89	500
2	ϕ89	350	6	ϕ89	550
3	ϕ89	400	7	ϕ89	620
4	ϕ89	450	8	ϕ89	900

三、夹紧与编程

1. 夹具的使用

1）夹具应根据焊件的尺寸和形状进行选择。

2）在夹具使用前、夹具装配前和夹具卸载后，应检查一遍配合状态，确保夹具状况良好，夹具夹紧焊件不松动。

3）焊件与夹具应紧密协作，如夹具压力不均匀或焊件受压面抗变形能力差，夹具的数量应进行调整，避免出现焊接前与焊接过程中焊件变形，影响焊缝质量。

4）需要经常进行夹具的清理、保养、维修等工作，以保证夹具处于良好的使用状态。

5）定期检查夹具，重点检查夹具的穿插孔是否磨损扩大、旋转螺纹是否损坏、锁紧圆珠能否顺畅凸出与收缩、夹具本体是否变形等，对于损坏的夹具应及时维修，必要时更换夹具。

2. 夹紧的要求

（1）位置正确　焊件夹紧时，夹紧点应选择合适位置，首先确保不破坏焊件在定位元件上所获得的正确位置，其后应保证夹具不干涉焊枪的运行轨迹。

（2）牢固可靠　夹紧力的大小需适中且稳定可靠，既要保证焊件在定位焊接过程中的稳定性，防止松动，又要避免对焊件造成超出技术允许范围的变形或表面损伤。

（3）快速方便　夹具使用或组合时应便于操作、安全省力，能够实现迅速夹紧，从而减轻工人的劳动强度，缩短辅助时间，提高整体生产率。

（4）结构简洁　对于需要组合的夹具，在具备足够的刚性前提下，应尽量简单紧凑，以确保夹具拥有良好的工艺性和使用性，降低制造成本和维护难度。

实例　图 3-23 所示为管板翼型焊件，为确保焊缝的连续性，焊件选择竖向放置。在确定焊件摆放方式后，夹具的选择与夹紧方式成为示教编程的主要影响因素。图 3-23a 所示为采用 V 形定位块与螺旋压紧器的组合对焊件进行夹紧，尽管其夹紧效果稳固，但螺旋压紧器的结构特性导致编程时需设置大量规避点，增加了机械臂的移动距离和撞枪风险，减少了焊接的顺畅性，且结构复杂，拆装也不够方便。图 3-23b 中，采用的是两个 V 形定位块对焊件进行夹紧，虽结构简单，但由于 V 形定位块的夹紧力有限，难以满足需求。而图 3-23c 采用了 V 形定位块与快速锁紧销的组合形式，这种夹紧方式不仅确保了焊件的稳固性，满足了焊接的夹紧要求，而且避免了使用螺旋压紧器所带来的编程复杂性和潜在的撞枪风险，其结构简单且操作便捷，有效提升了焊接过程的顺畅性和效率。

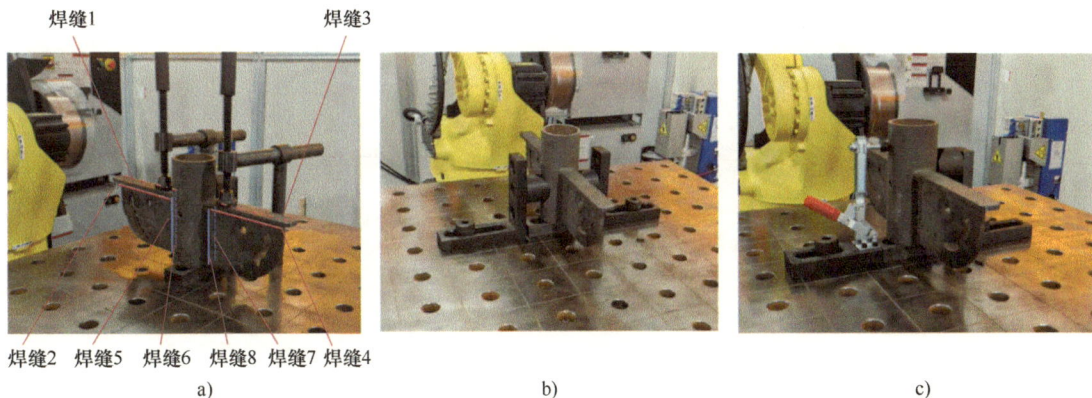

焊缝1　　焊缝3

焊缝2　焊缝5　焊缝6　焊缝8　焊缝7　焊缝4

a)　　　　　　　　　　b)　　　　　　　　　　c)

图 3-23　管板翼型焊件的定位与夹紧

四、　应用实例

实例一：板对接平焊（单面焊双面成形）

图 3-24 所示为板对接平焊图。

1. 图样分析

根据图样可知，这是典型的板对接组合件，开单面坡口，工程中有些焊接结构受空间限制不能采用双面焊接，只能从焊缝一面进行焊接，又要求完全焊透，这就是单面焊双面成形技术，在管道、压力容器、船舶等领域以及空间狭小的钢结构中被广泛应用。

分析该组焊件的机器人焊接过程和夹紧定位的关系，主要有以下几点：

1）焊件焊接可分为打底层、填充层与盖面层。

2）焊件焊缝处应处于悬空状态，满足焊件的单面焊双面成形要求。

3）夹紧焊件单边即可满足要求。

2. 焊接机器人设备参数

1）焊接机器人臂长：1400mm。

2）焊接机器人支座高度：600mm。

3）焊接平台高度：750mm。

4）机器人与平台距离：350mm。

5）机器人焊枪形式：内置枪。

6）焊枪弯曲角度：45°。

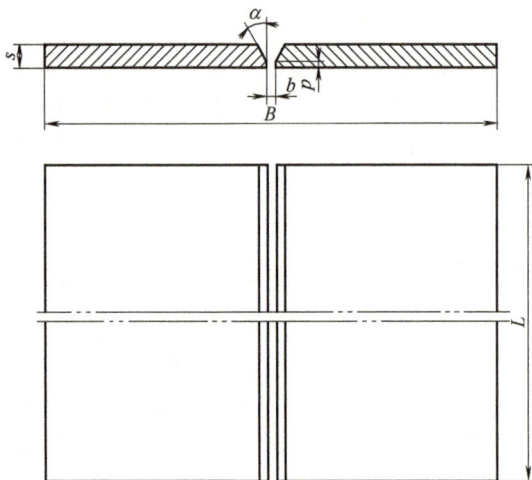

图 3-24　板对接平焊图

3. 定位

（1）确定焊枪角度　根据平对接焊接工艺，可以选择 90° 作为焊枪角度。

（2）确认焊接机器人工作范围　保持焊枪角度，在焊接平台沿 X、Y 向移动，确认焊接机器人在焊枪 90°状态下的最大工作范围，如图 3-25 所示。

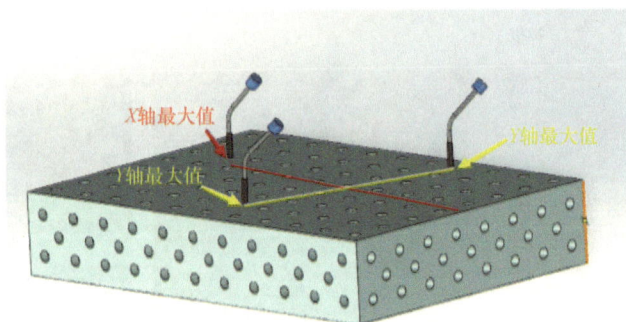

图 3-25　定位

（3）确定焊件位置　如图 3-26 所示，焊件的位置理论上可处于机器人最大工作范围内的任意处，但在实际操作中，应尽量避免焊缝接近机器人的极限点，以增加示教时的流畅性和焊接过程的稳定性。因此，可以把焊件的中心点与机器人 X、Y 轴最大范围中心点重合，如图 3-26 所示，完成焊件定位。

4. 夹具夹紧

根据图样分析，焊件焊缝处应处于悬空状态，夹紧焊件单边即可满足焊件单面焊双面成形的要求，夹紧点应处于垫板上方。夹

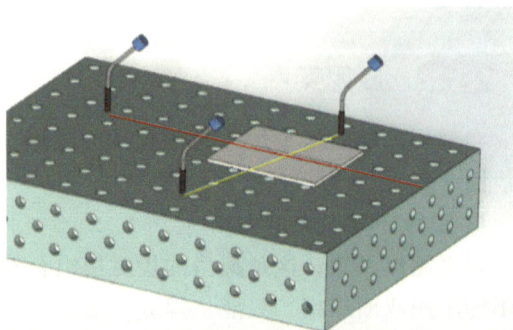

图 3-26　确定焊件位置

具的选择有两种方案，一是采用定位平尺，二是采用螺旋压紧器。采用定位平尺虽然可以减少对焊枪的阻碍，但因为有垫板的存在，夹紧后焊件会翘起，影响焊接质量，如图 3-27 所示。而采用螺旋压紧器，则能解决焊件在夹紧时翘起的问题，但由于螺旋压紧器空间高度的限制，在编程时应设置规避点，以防止撞枪，如图 3-28 所示。

图 3-27　采用定位平尺的夹具夹紧

图 3-28　采用螺旋压紧器的夹具夹紧

5. 编程前的复查

此焊件的焊接相对简单，无空间高度上的其他焊缝，在定位过程中已经完成了复查工作，因此此步骤可省略。

实例二：组合件的焊接

1. 图样分析

图 3-29 所示为组合件的焊接图样，它选自智能焊接技术竞赛用的组合件，不论从装夹还是焊接来说都有一定难度，对定位和夹紧都有较高要求，需要全面考虑才能确保编程和焊接的顺利实施，确保焊接质量。通过对竞赛用组合件的学习，不但可以提高机器人装夹和焊接水平，还能体验竞赛攻坚克难、勇攀高峰的感受，学习竞赛选手精益求精的工匠精神。

奇异点的
解除

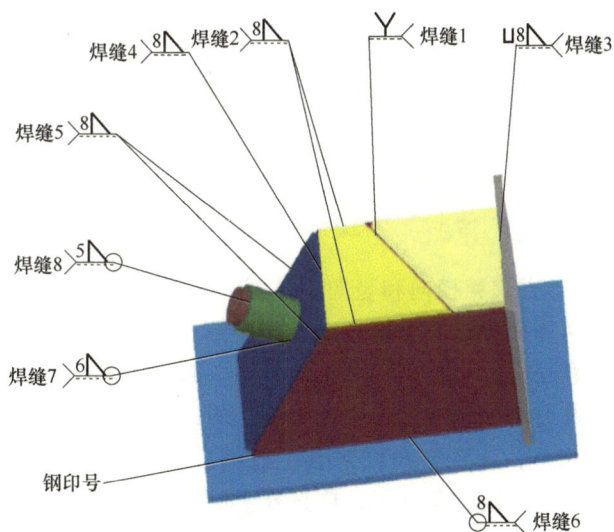

图 3-29　组合件的焊接图样

根据图样分析可知：

1）焊件前部为半圆形箱式组合件，并在半圆件水平位有圆管组合。

2）焊缝可分为平角焊缝、平对接焊缝、立角焊缝与斜面圆角焊缝。

3）水平管件与半圆件处焊缝易处于机器人工作范围外，为定位时的重点。

4）组合件底板凸出箱体外，夹具夹紧点可设置在底板上。

2. 焊接机器人设备参数

1）焊接机器人臂长：1400mm。

2）焊接机器人支座高度：600mm。

3）焊接平台高度：750mm。

4）机器人与平台距离：350mm。

5）机器人焊枪形式：内置枪。

6）焊枪弯曲角度：45°。

3. 定位

1）根据图样分析，机器人在焊接焊缝7、8时，变换角度较大，极易超出机器人的工作范围，因此，在定位时应优先保证此焊缝在工作范围内，再对后续焊缝进行调节。

2）焊接机器人的工作范围如图 3-30 所示，机械臂在初始位 XOZ 面的工作范围达到最大。随着沿 Y 轴方向的偏移，其工作范围会逐渐减小。所以，在定位焊件时，应确保焊件的 X 轴尽量与机器人的初始 X 轴重合，从而使工作范围最大化。但对于结构复杂的焊件，也需要根据实际情况进行适当的调整。

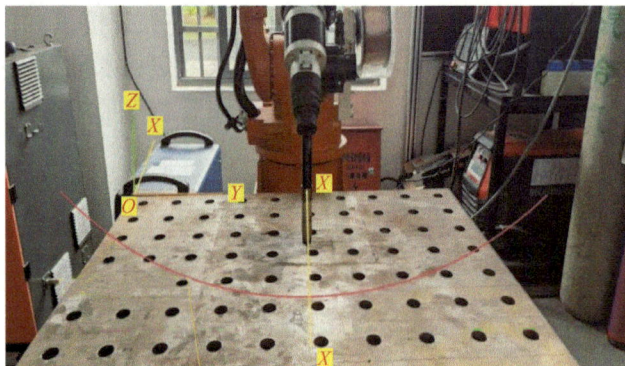

简易机器人工作范围线

图 3-30　焊接机器人的工作范围

3）组合件摆放有两种方式：横向和竖向，如图 3-31 所示。在确保所有焊缝都在机器人工作范围内的情况下，两种摆放形式均可完成焊接任务。但在选择焊件定位时，除了考虑焊接的可行性外，还需兼顾安全性和易用性。例如，图 3-31a 中的横向放置会使焊件焊缝的大部分位于机器人内侧，这会增加示教过程中人员受伤的风险，因为人员在示教时需要站在焊件与机器人本体之间。此外，从观察角度来看，这种放置方式也不如图 3-31b 竖向放置方便。所以，在满足所有焊缝焊接的条件下，应选择竖向放置。

4. 夹具夹紧

考虑到组合件的外观特性，选择底板作为夹具的夹紧点。在可选的夹具中，定位平尺与

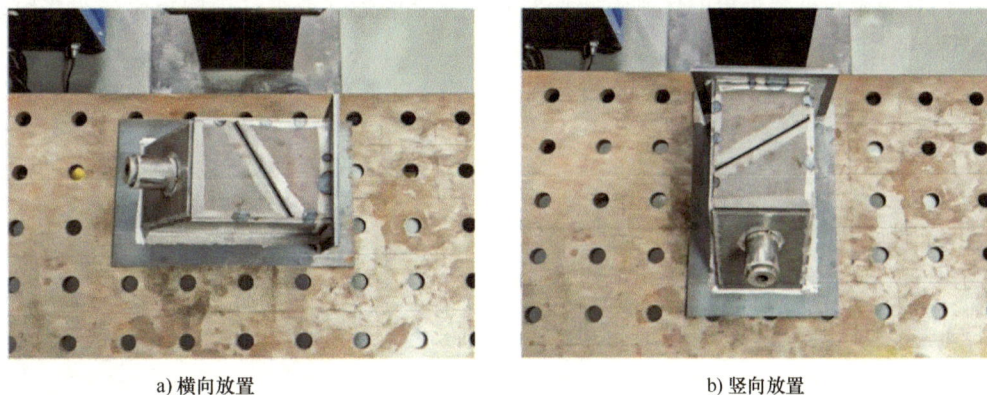

a) 横向放置　　　　　　　　　　　　　b) 竖向放置

图 3-31　组合件摆放形式

螺旋压紧器均适用。但螺旋压紧器具有一定的空间高度，它可能会干扰焊枪的操作，这不仅在示教编程时会增加许多规避点，还会大大提高撞枪的风险，从而影响机器人轨迹的流畅性。相对而言，使用定位平尺进行夹紧则能有效避免这一问题，如图 3-32 所示。但在使用过程中，也应密切关注夹具的夹紧深度，以防止其对焊枪产生干涉。

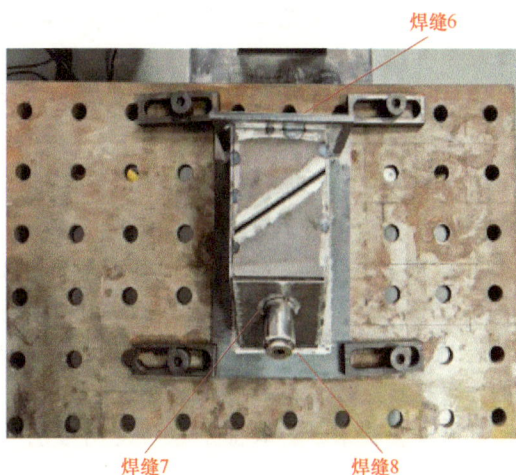

图 3-32　采用定位平尺的夹具夹紧

5. 编程前的复查

在焊件定位夹紧后，应进行一次焊枪轨迹的预行走，以检查夹具是否对焊枪产生干涉，并确保焊缝完全位于焊接机器人的工作范围内。对于本焊件的焊缝 7、焊缝 8 以及焊缝 6 的立板与底板部焊缝，应进行重点检查。如图 3-32 所示，由于焊缝 7 和焊缝 8 的位置容易使机器人超出其工作范围，因此在定位时通常会优先考虑它们，这可能导致焊件过于靠近机器人本体，从而使得焊缝 6 的立板与底板处的焊缝超出了机器人的工作范围，导致无法完成焊接任务。

复习思考题

1. 学习焊接机器人时最常使用的是基于什么的定位方法？

2. 在焊件定位的五个条件中，哪一个最为重要？为什么？

3. 柔性组合夹具的特点是什么？

4. 在实际生产中，孔系组合夹具往往比槽系组合夹具使用更加广泛，请问孔系组合夹具相对于槽系组合夹具有哪些优点？

5. 在机器人焊接中，焊接角度与焊枪弯曲角度对焊接的影响都很大，试用自己的语言说明两者之间有什么联系？

6. 内置焊枪与外置焊枪的区别有哪些？对于复杂的焊件或焊件周围障碍物很多时，应选用哪种焊枪？

7. 焊件定位完成后，在编程前应进行复查。编程前复查的意义是什么？

【榜样的力量】

焊接专家：林尚扬

林尚扬，中国工程院院士，焊接专家，福建省厦门市人，1961 年毕业于哈尔滨工业大学，哈尔滨焊接研究所高级工程师，曾任哈尔滨焊接研究所副总工程师、技术委员会主任；曾兼任机械科学研究总院技术委员会副主任、哈尔滨市科协主席、黑龙江省老年科协第一副主席、中国机械工程学会焊接学会秘书长。

林尚扬多年来一直工作在科研第一线。20 世纪 60 年代，研发了四种强度级钢焊丝，用于大型电站锅炉汽包和化工设备的焊接；20 世纪 70 年代，发明的水下局部排水气体保护半自动焊技术，用于海上钻井/采油平台等海工设施的水下焊接，焊接的最大水深达 43m；20 世纪 80 年代，发明了双丝窄间隙埋弧焊技术，曾用于世界最重的加氢反应器（2050t）和世界最大的 8 万 t 水压机主工作缸的焊接，焊接最大厚度达 600mm；20 世纪 90 年代，研发了推土机台车架的首台大型弧焊机器人工作站，并积极推进焊接生产低成本自动化的技术改造；2000 年以来，在大功率固体激光-电弧复合热源焊接技术方面取得了 5 项发明专利，用激光技术为企业解决了诸多部件的焊接难题，促进企业产品的升级换代，焊接的超高强度钢的屈服强度超 1000MPa。

林尚扬曾获全国劳动模范、全国五一劳动奖章、全国优秀科技工作者、中国机械工程学会技术成就奖、国际焊接学会巴顿奖（终身成就奖）。

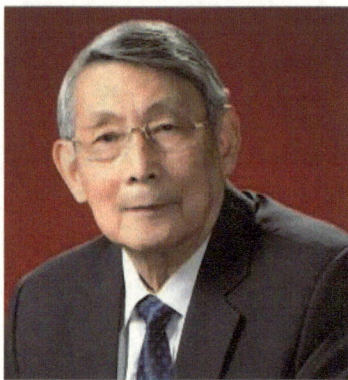

第四章　弧焊机器人电源

【知识目标】

1. 掌握弧焊机器人电源不同模式下的基本工作原理。
2. 掌握弧焊机器人电源不同模式下的特点和应用场景。

【能力目标】

1. 掌握针对不同形式的工况下应该使用的焊接模式与焊接规范及其对焊缝质量的影响。
2. 掌握如何正确设置弧焊机器人电源各参数以及不同焊接工况下如何调节弧焊机器人操作。

【素养目标】

1. 提高实践操作能力，可以根据不同的工况灵活地判断与选择焊接工艺模式及焊接参数。
2. 增强创新思维，培养自主创新思考、活用焊接电源各模式功能完成焊接的能力。

随着焊接工艺、焊接设备的不断推陈出新，机器人焊接工艺也在不断地发展变革，从传统的气体保护焊、脉冲焊发展到现在的超低飞溅、超短弧脉冲、大熔深脉冲、双丝气体保护焊、冷金属过渡（Cold Metal Transfer，CMT）等先进工艺，旨在为企业生产提质增效，降低成本。目前国产焊接设备已在逐步缩小与国外高端品牌的技术差距，在部分细分领域已实现齐头并进或已有赶超之势。本章重点介绍国产焊接设备在实际生产中的应用。

▶ 第一节　电源性能及特点

一、数字控制逆变焊机的优势

数字控制逆变焊机的优势主要体现在两大方面：提高焊接性能和增加新的实用功能。其特点如下：

1. 多功能焊

数字化焊机在不改变硬件结构的情况下，只通过改变控制软件的算法就可以实现对电源外特性、调节特性和动特性的控制，这种灵活的控制方式可实现一机多能的效果，如金属惰性气体保护焊（Metal Inert Gas Welding，MIG）、金属活性气体保护焊（Metal Active Gas Welding，MAG）、CO_2 气体保护焊和钨极惰性气体保护焊（Tungsten Inert Gas Welding，TIG）焊等多种模式。

2. 精密控制

数字化焊机可实现对焊接参数和焊接程序的精确控制，如对电流波形可实现分时、分段和实时等精确控制，能够满足多种工况下的精密焊接要求。

3. 系统稳定性好、产品一致性高

数字控制器件受环境温度以及噪声的影响较小、可靠性高。数字器件的参数变化小，数字系统便于测试、调试和大规模生产。

4. 新的焊接工艺研发

数字化技术的快速性、精确性促进了对焊接飞溅、打底焊和薄板焊接等电弧物理特性的进一步研发，并在此基础上开发出更多的焊接控制法，大幅提升了焊接性能如针对焊接飞溅的先进协同金属过渡控温焊接技术（Advanced Sunergic Metal Transfer with Temperature Control，ASMT）等控制法的开发。

5. 焊接专家数据库

数字控制芯片内置专家数据库系统，可以根据焊接的材料厚度、焊丝直径与焊接电流，以及保护气体等条件选择适合的焊接参数。

6. 存储与调用功能

焊机可以存储用户已选用的焊接参数，按不同的焊接需求随时调用。

7. 外部通信功能数字化

焊机可以提供数字化通信接口，与焊接专机、外部网络之间实现通信控制。数字通信接口可以传输更多的焊接信息且控制信号更准确。

二、 高端数字化智能焊接电源

图 4-1 所示的数字化控制逆变焊机作为高端智能焊接电源，采用全新平台化设计，具有开放式系统、工艺可编程的特点，可针对用户的焊材、焊接工况定制化设计和优化焊接数据库，通过最优的焊接工艺，提升焊接合格率并降低焊接成本。

全新的数字化逆变焊机相较于传统数字化焊机，整机的系统架构做了大幅调整。主控板升级为以 FPGA 芯片为核心，具有更精细的电弧熔滴过渡控制能力，进一步提高了电弧稳定性和焊接工艺性，从而极大程度提升了焊接电源对负载电弧的控制能力，实现提前 $100\mu s$ 以上诊断短路小桥的爆断时刻，控制焊接电源快速降低电流，从而降低焊接飞溅，从硬件层面提升了系统的稳定可靠性。

数字化逆变系列焊机可根据客户具体需求，生成定制化工艺解决方案，在一个系统中集成包括恒压、大熔

图 4-1　数字化控制逆变焊机

深、低飞溅、脉冲、超短弧脉冲、ASMT（控温焊）等多种模式，可以实现包括碳素钢、不锈钢、铝合金及特殊材料的焊接与工艺开发。

此外，数字化逆变系列焊机还具有远程升级功能，搭载 4G/5G/WiFi 模块后，可通过网络与群控系统实现交互，根据客户的要求进行工艺参数更改，并进行远程升级。焊接平台还可以搭建智能云管理系统，对焊接设备与焊接过程实现更快速、精确的智能化管理。数字化焊机平台可实现的多种功能如图 4-2 所示。

全数字化控制

5G/WiFi模块
通过移动网络，与群控系统实现数据交换

通信接口模块
模拟和数字两种机器人通信接口供用户选择

功能扩展程序
通过调节隐含参数实现功能扩展

焊接模式丰富
多种焊接模式满足用户不同需求

工艺扩展数据库
特殊材料焊接专用数据库，远程升级

智能云管理系统
通过智能系统管理焊接设备和焊接过程等

图 4-2 数字化焊机平台的多种功能

▶ **第二节** **不同焊接模式的工艺特点及应用**

一、恒压模式

1. 恒压模式的原理

恒压模式是利用电弧作为热源，气体作为保护介质的熔化焊工艺。在焊接过程中，保护气体在电弧周围形成保护层，将电弧、熔池与空气隔绝开，防止有害气体的影响并保证电弧的稳定燃烧。其中 CO_2 气体因其生产率高、焊接成本低等优势在恒压气体保护焊的保护气体选择中应用最为广泛。

图 4-3 所示为弧焊电源在恒压模式下电流动特性示意图。短路过渡过程中由于初期熔滴和熔池间形成直径很小的小桥，若此时电流急剧上升，有可能产生瞬时短路，从而造成焊接飞溅的现象。为了在焊接过程中降低飞溅并获得良好的焊缝成形，数字化逆变焊接电源凭借其工作频率高、响应时间短的优势，在短路初期时将焊接电流维持在一个较低值，从而使熔滴过渡到熔池时可以更好地铺展。在熔滴摊开

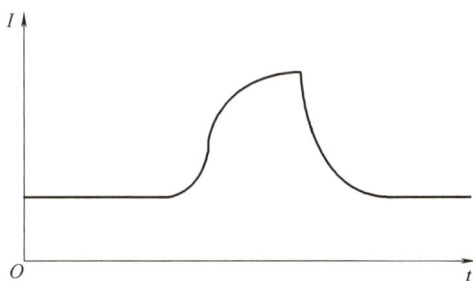

图 4-3 弧焊电源在恒压模式
下电流动特性示意图

后，电流迅速上升，从而减少短路时间并加速缩颈的形成，通过减慢后期的电流上升速度以达到控制飞溅的目的。

2. 恒压模式的特点

恒压 CO_2 气体保护焊模式下的工艺主要具有以下优点：

（1）生产率高　粗丝 CO_2 气体保护焊时通常使用较大的电流规范，电流密度约 $100 \sim 300 A/mm^2$，熔化系数可达 $15 \sim 26 g/(A \cdot h)$，同时焊缝熔深较大，可以不开或开很小的坡口。细丝 CO_2 气体保护焊则多采用小电流下的短路过渡，焊接热输入较低，适于焊接薄板，此时焊接变形较小，无须焊后的额外矫正工序。同时，由于气体保护的存在，焊接过程只会产生少量熔渣，是一种高效节能的焊接方法，其生产率较焊条电弧焊可以提高 $1 \sim 3$ 倍。

（2）焊接成本低　CO_2 气体及焊丝的价格低廉，对焊前准备要求较低，焊后清理需求较少，且连续送丝状态下无须更换焊条，成本只有焊条电弧焊的一半左右。

（3）焊接质量高　恒压 CO_2 气体保护焊对母材表面的油、锈敏感性较低，不易产生气孔。同时，CO_2 保护气的氧化性较强，属于低氢型焊接方法，提高了焊接低合金钢时抗冷裂纹的能力，焊接热输入较低，焊后热变形较小。

（4）焊接适应性强　CO_2 气体保护焊电弧为明弧，便于观察电弧与焊缝情况，适合焊接短焊缝和曲线焊缝，同时可以实现如平焊、立焊、仰焊等各位置的焊接操作。

除上述优点外，恒压 CO_2 气体保护焊模式下的工艺也存在以下缺点：

1）焊接飞溅较大和焊缝成形较差。

2）为了得到良好的焊接效果，焊接过程中要防止空气入侵及防风。

3）CO_2 气体保护焊电弧为明弧，弧光较强，要注意安全防护。

3. 恒压模式的应用

恒压模式适用于碳素钢和不锈钢的焊接以及使用药芯焊丝的焊接，凭借其稳定、适应性强的特点广泛应用于钢结构、工程机械、集装箱和造船等行业中。图 4-4 所示为造船行业中使用恒压模式焊接碳素钢的效果图。

图 4-4　造船行业中使用恒压模式焊接碳素钢的效果图

二　低飞溅模式

1. 低飞溅模式的原理

焊接过程中，大部分的飞溅都是在电弧燃烧和短路交替切换的瞬间发生的。从电弧到短路过渡的时间内，最大的问题是微小短路的发生。微小短路有短路后迅速释放的特点，如果微小短路持续发生，则焊丝端部熔化形成的熔滴不会向熔池中过渡，反而会残留在焊丝一侧，在下一次短路发生时由于电流的急剧增加，容易出现类似于熔丝爆裂的大颗粒飞溅。当熔滴向母材熔池过渡时，在焊丝短路释放前的时间内，熔滴部分会发生中间变细的情况，称之为"细颈"。发生细颈时，由于电流导通部分的截面积变小，电阻值发生急剧变化，可以预见短路的释放。短

低飞溅模式

路释放时，如果电流还保持高状态，就会出现所谓熔丝效应，即熔滴飞散形成飞溅。

因此，低飞溅模式的原理为，当检测出发生细颈现象时，马上停止逆变输出，同时再次关断二次开关，使电流急剧下降，防止熔丝效应出现。正如从短路状态到电弧过程时，控制不施加释放能量一样，通过短路初期控制电流，将其保持在低电流状态下，使焊丝和熔池能够充分短路，之后和通常波形控制一样提升电流，促进短路释放。通过此方式使焊接从短路状态到电弧过程顺畅过渡，就可以将焊接过程中飞溅的产生抑制到最低限度。

图4-5所示为低飞溅模式下熔滴过渡波形设计图，图中①为燃弧阶段。该阶段焊丝在电弧作用下熔化，形成熔滴，通过控制该阶段的电流大小，可以防止熔滴直径过大。②阶段为液桥形成阶段。在熔滴接触熔池后，迅速将电流切换为接近零的数值，熔滴在重力和表面张力作用下流散到熔池中，形成稳定短路与液态小桥。③为颈缩阶段，小桥形成后，焊接电流按照一定的速度升高，使小桥迅速缩颈

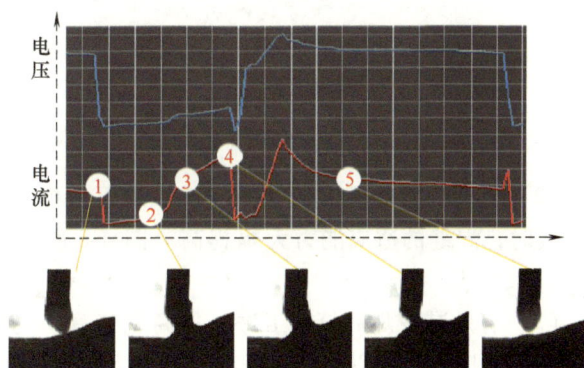

图4-5 低飞溅模式下熔滴过渡波形设计图

并进入下一阶段。④为液桥断裂阶段。当检测到小桥达到临界缩颈状态时，电流在数微妙时间内降到较低值，防止小桥爆破，然后在重力与表面张力作用下，小桥被机械拉断，基本不产生焊接飞溅。⑤为电弧重燃及稳定燃烧阶段。电流先上升到较大值，等离子流力一方面推动熔滴脱离焊丝进入熔池，并使熔池凹陷以确保得到适当的弧长与燃弧时间，保证熔滴的尺寸；另一方面焊接熔深与熔合性也得到了保证。随后焊接电流下降到稳定值。

在原有的常规恒压模式基础上，数字化逆变系列弧焊电源分别通过低飞溅过渡和低飞溅脉冲工艺，改善短路过渡及低电压时的焊接电弧形态，能够对电弧实现精度更高的控制，分别实现了超薄板及中厚板的低飞溅焊接。通过熔滴脱落后快速降低电流幅值，可以减小熔池振荡程度，进而实现较小电流下的稳定焊接，降低焊接飞溅并提高焊接质量。图4-6所示为低飞溅模式熔滴过渡高速摄像检测过程。

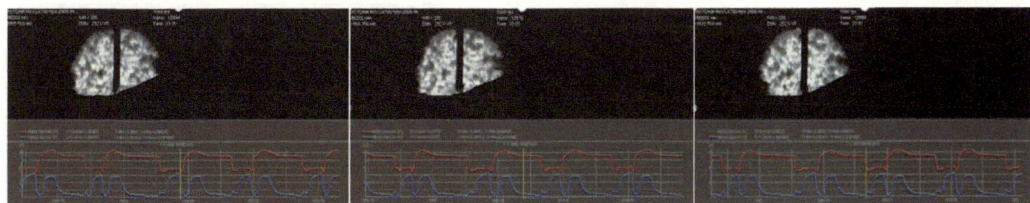

图4-6 低飞溅模式熔滴过渡高速摄像检测过程

2. 低飞溅模式的特点

与传统的恒压模式相比，低飞溅模式具有下述特点。

（1）可以显著地降低焊接过程中的热输入 低飞溅模式下的焊接热输入较小，可以有效减小焊接热影响区，进而解决焊接过程中因热输入量过大引发的焊件变形问题。图4-7所示为低飞溅模式与恒压模式变形量的对比。

a) 恒压模式   b) 低飞溅模式

图 4-7   低飞溅模式与恒压模式变形量的对比

（2）更适合焊接间隙较大的焊件   与恒压模式相比，使用低飞溅模式进行大间隙焊件的焊接时，焊缝的适应能力大幅提高。图 4-8 所示为低飞溅模式与恒压模式的搭桥焊接示意图。

（3）有效减少焊后打磨工序，提高生产率   与普通恒压气体保护焊相比，采用低飞溅模式进行焊接时，可以将焊接飞溅量降低 80%，提高了焊缝表面的焊接质量。

3. 低飞溅模式的局限性

1）焊接熔深较小，不适合焊接较厚的焊件。

2）低飞溅模式适用于焊接电流较小的焊接作业（焊接电流 $I<200A$），当焊接电流较大时，低飞溅模式对焊接过程中的飞溅控制效果较差。

4. 低飞溅模式的应用

目前，低飞溅模式广泛应用在电动车自行车车架、休闲家具、汽车零配件等母材厚度小于 3mm 的薄板（包括碳素钢、镀锌板等）焊接中，焊后几乎无飞溅，大大减少了焊后打磨清理工序，产品合格率提高约 20%。图 4-9 所示为普通气体保护焊与低飞溅气体保护焊飞溅量的对比。

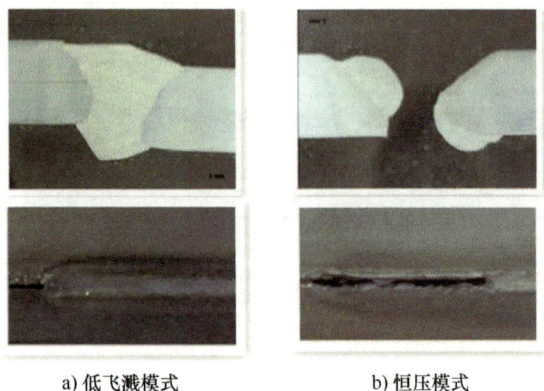

a) 低飞溅模式   b) 恒压模式

图 4-8   搭桥焊接示意图

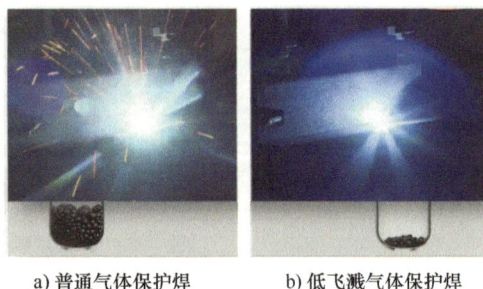

a) 普通气体保护焊   b) 低飞溅气体保护焊

图 4-9   普通气体保护焊与低飞溅气体保护焊飞溅量的对比

这些行业中需要焊接的焊缝多为短焊缝且焊缝数量较多，分布较密集，需要在焊接过程中频繁起弧，对导电嘴损耗较大，最新的低飞溅模式进行了防黏导电嘴的针对性设计，减少导电嘴的更换频率，在焊接过程中大大减少了停机时间，从而加快了生产节拍。图4-10~图4-13所示分别为低飞溅模式在车辆零部件薄板、镀锌板、碳钢板、排气管焊接中的应用。

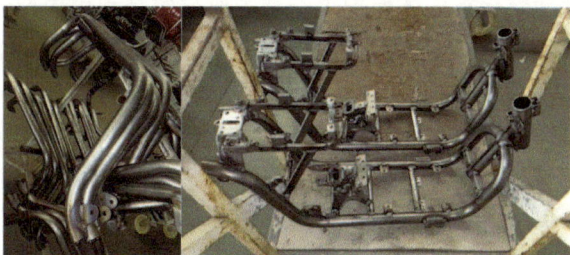

图4-10　低飞溅模式在车辆零部件薄板焊接中的广泛应用

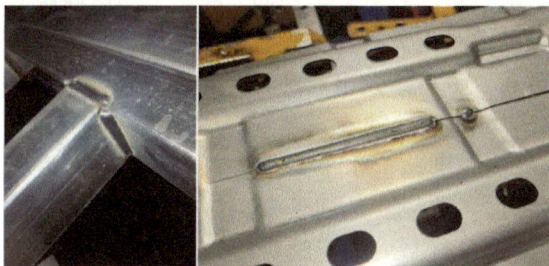

图4-11　低飞溅模式焊接汽车配件中的镀锌板

图4-12　低飞溅模式焊接汽车配件中的碳钢板

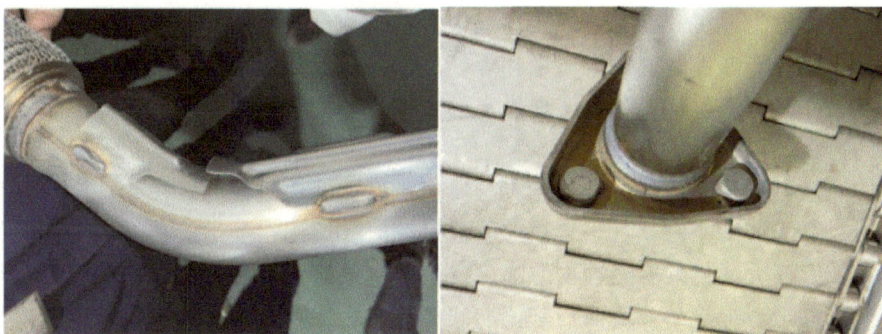

图4-13　低飞溅模式焊接汽车排气管

三、脉冲模式

1. 脉冲模式的原理

脉冲模式，就是指焊机用输出一定频率和占空比的脉冲电流来代替恒定的直流或交流电流，通过调节脉冲频率、峰值电流、基值电流和占空比等参数，可以实现对电弧能量和熔滴过渡的精确控制。数字化逆变电源在焊接过程中，可以通过对熔滴过渡过程的检测，控制脉冲过程中各个阶段的电流波形，从而控制多余的电弧热量，提高电弧推力。

通常情况下，脉冲焊接多以熔滴喷射过渡为主要过渡形式，焊接电流必须大于喷射过渡临界电流，才能实现稳定的焊接。如果焊接电流小于喷射过渡临界电流，则只能出现大滴过渡或短路过渡。大滴过渡的稳定性差，不能进行仰焊、立焊等空间位置焊缝的焊接，而短路过渡也有规范区间窄等问题，应用面较小。为了对薄板、空间位置焊缝及热敏感性材料进行有效的焊接，发展了脉冲熔化极气体保护焊，其主要目的是利用周期性变化的脉冲电流控制熔滴过渡和焊接热输入。脉冲焊的熔滴过渡过程大致可以分为以下三个阶段。

（1）脉冲电流施加阶段　此阶段包括基值电流末期、脉冲电流增长期和峰值电流初期。该阶段是电流从基值向峰值水平增长阶段。在低电流条件下，电弧和焊丝端部仅勉强可见，这表明温度较低，电弧中金属蒸气量少。电弧的亮度和直径随着电流的增加而增加，直到一定时刻，电弧形状与峰值电流和基值电流在恒流条件下的熔滴射滴过渡相同，为圆柱形。在电流脉冲开始时，焊丝端部呈半球形和熔融状，没有缩颈的迹象，电流脉冲持续一段时间足以在熔合界面处形成缩颈，而且在熔滴脱离焊丝端部之前缩颈过程将持续一段时间。

（2）峰值电流维持阶段　在该阶段，如果在第一颗熔滴脱离后继续保持高电流，就会出现射流过渡现象，此时的现象与恒流条件下射流过渡的特点完全相同。在第一颗熔滴脱离后，弧根仍然处在端部带有球状熔滴的熔融焊丝的缩颈上方，在一段时间内此熔滴几乎不随时间变化，该熔融的缩颈伸进电弧约一段时间以后，液态细颈出现沸腾，大量的金属蒸气被放入电弧及其周围，随后出现射流过渡。

（3）峰值电流下降阶段　该阶段内电流从峰值降到基值水平，若电流在熔滴射滴过渡期间下降，即在完成缩颈过程或发生熔滴过渡之前，缩颈会延续下来，并在电流降到基值后，熔滴才发生脱离。若峰值时间很长，使得电流在第一个熔滴脱离后仍然保持在峰值阶段，则其过渡形式为射流过渡。

上述三个阶段揭示出脉冲焊熔滴过渡的过程。在一个脉冲周期内，存在两种熔滴过渡形式：射滴过渡与射流过渡。在实际焊接过程中，希望达到一个脉冲过渡一滴或者多滴，便于实现稳定的焊接，能够控制过渡金属量和焊缝成形。一般认为一脉一滴是最为理想的，这样可以使熔滴尺寸接近焊丝的尺寸，实现稳定的焊接过程，减少焊缝缺陷和焊接过程中的飞溅现象，得到优良的焊缝金属组织性能。

一脉一滴过渡形式有两种：基值过渡与峰值过渡。峰值过渡时，由于熔滴受到轴向洛伦兹力的作用，其加速度非常大。当熔滴向熔池过渡时，熔池接受熔滴传递的动能继续熔化母材。同时，带有巨大动量的熔滴冲击熔池，产生较大的熔深。另外，熔滴的速度也影响电弧力，电弧气流冲击着焊接熔池表面。基值期间电流很小，熔滴所受电磁力较小，熔滴过渡的加速度很小，因此通常基值过渡飞溅少，被普遍接受；但是在需要较大的熔深时，峰值过渡状态则比较理想。一脉一滴的过渡形式一般是射滴过渡，此时熔滴大小均匀，过渡很有规则，方向性强、焊接飞溅少，熔滴大小与焊丝直径相当，减少了焊缝缺陷，脉冲模式下焊接过程几乎无飞溅，保证了高质量焊接。图 4-14 和图 4-15 所示分别为脉冲模式输出波形和脉冲模式熔滴过渡高速摄像检测过程。

2. 脉冲模式的特点

与传统的直流或交流气体保护焊相比，

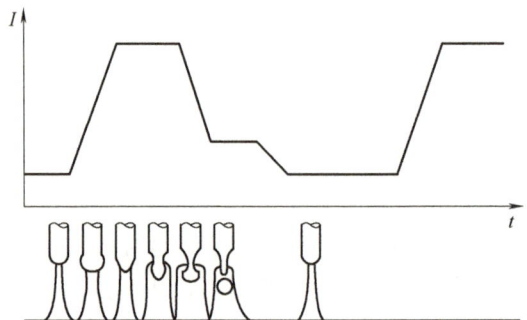

图 4-14　脉冲模式输出波形

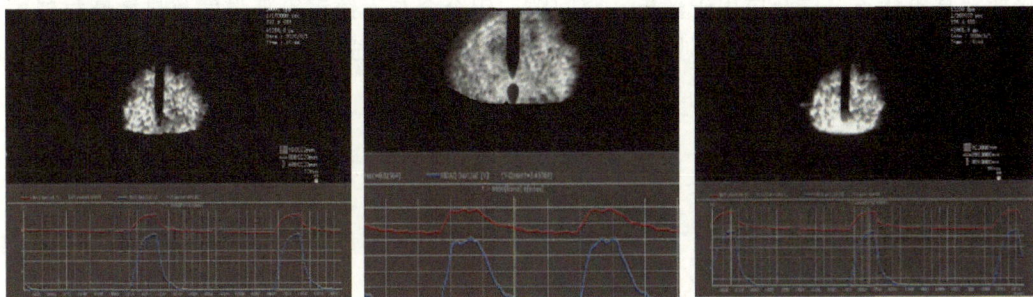

图 4-15　脉冲模式熔滴过渡高速摄像检测过程

脉冲焊接模式具有以下优点。

（1）良好的引弧性能　由于脉冲电流具有较高的峰值电压，因此可以较容易地在焊件表面激发出稳定的电弧。

（2）良好的工艺适用性　可以根据不同的材料、厚度、焊接位置等因素调节脉冲参数，实现最佳的焊接效果。

（3）有效降低和控制热输入量　由于脉冲焊接过程熔滴过渡形式为一脉一滴，因此热输入量只与峰值电流有关，而与基值电流无关。这样可以减小热影响区的大小，降低焊接变形和焊后残余应力。

（4）采用大直径焊丝时可焊接板厚较薄的焊件　在一脉一滴的过渡形式下，焊丝的直径不会影响熔滴的大小，只会影响熔滴进入熔池的速度。在这种情况下，可以使用较粗的焊丝来焊接较薄的焊件，提高焊接效率和质量。

（5）脉冲功率调节区内飞溅较少　一脉一滴的过渡形式使焊接过程中不会产生大量的飞溅，即使在高电流下也是如此。这有效减少了焊后清理工作，提高了焊缝美观程度。

（6）有利于气体排出　脉冲焊接过程中的气体可以很容易地从熔池中逸出，不会形成气孔。而且由于脉冲电流具有较高的峰值电压，可以打破熔池表面的氧化膜，促进气体的排出。

（7）熔化效率高　与直流焊相比，脉冲模式对空间焊缝的熔化效率提高约 25%。

（8）良好的抗腐蚀性能　脉冲过渡过程中熔滴中的合金元素不会发生氧化和烧损，保持了原有的成分和性能。而直流焊接则需要在熔池中熔化焊丝，易导致合金元素的损失和变质，降低了焊缝的抗腐蚀性能。

与传统的恒压气保焊相比，脉冲焊接模式也存在以下缺点。

（1）设备成本高　由于脉冲模式需要输出脉冲电流，因此需要采用逆变技术和数字控制技术，这样会增加设备的复杂程度和成本。

（2）操作技术要求高　由于需要根据不同的材料、厚度、焊接位置等因素调节脉冲参数，因此需要操作者具有较高的技术水平和经验，否则可能无法达到最佳的焊接效果。

（3）对环境干扰敏感　由于采用逆变技术和数字控制技术，因此脉冲模式对电源波动、温度变化、电磁干扰等环境因素比较敏感，可能影响设备的稳定性和可靠性。

3. 脉冲模式的应用

综上所述，脉冲焊接拥有在较低的平均电流下，实现对电弧形态、熔滴过渡、焊接熔池和焊接热输入较好控制的特点。脉冲模式下焊接具有电弧集中、无飞溅、焊缝外观成形好、焊接效率高等优点，广泛应用于薄板、窄间隙、铝合金与不锈钢等高强度及热敏感材料的焊接中。图 4-16、图 4-17 所示分别为脉冲模式下焊接碳素钢成形效果图和焊接铝合金得到的鱼鳞纹焊缝。

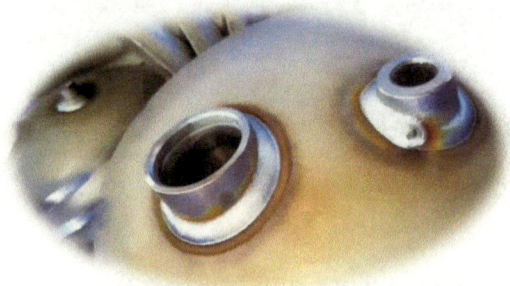

图 4-16　脉冲模式下焊接碳素钢成形效果图

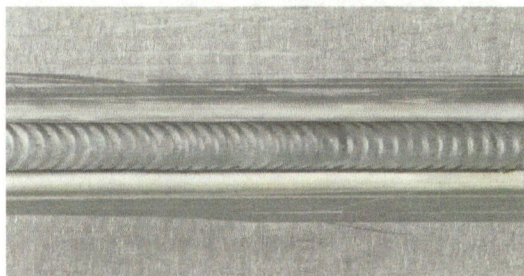

图 4-17　脉冲模式下焊接铝合金得到的鱼鳞纹焊缝

四、大熔深模式

1. 大熔深模式的原理

针对传统脉冲气体保护焊中厚板焊接过程中焊接热输入不宜增加的情况下，焊接熔深较小，窄坡口焊接易出现根部熔合缺陷等问题，数字化逆变电源利用更精确、快速的焊接波形控制技术，通过波形及算法的精确调节，增大脉冲频率；改变传统一脉一滴的脉冲过渡形式，形成脉冲+喷射过渡的形式，呈现出一种射流、射滴过渡的状态。在脉冲气体保护焊熔滴过渡过程中，通过控制电弧形态，将电弧压缩，实现电弧热量的进一步集中，向焊件发出集中的高能电弧，实现了大熔深脉冲技术的突破。图 4-18 所示为大熔深模式熔滴过渡高速摄像检测过程。

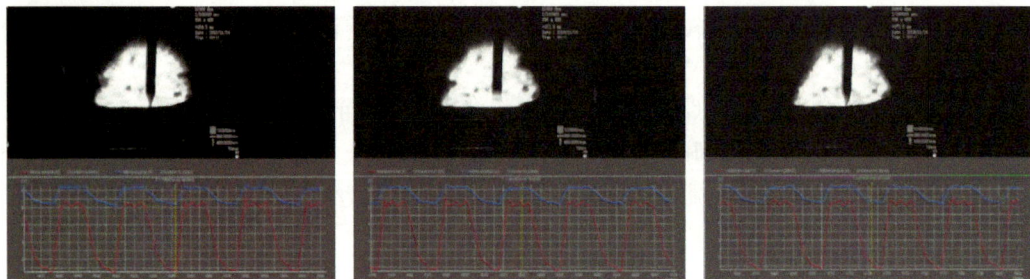

图 4-18　大熔深模式熔滴过渡高速摄像检测过程

2. 大熔深模式的特点

与常规的脉冲模式相比，大熔深脉冲焊接模式下的电弧具有以下特点。

1）电弧压力高，焊接熔深大。

2）焊接弧长短，出现咬边缺陷的概率下降。

3）焊接热影响区小。

使用大熔深模式焊接时，相较传统的脉冲焊接模式，可以更好地解决焊接过程中热输入量较低造成的根部熔合差等问题，大熔深模式下脉冲+喷射过渡的过渡形式可以提升约 30% 的焊接熔深，有效提高焊接质量。在对开坡口的焊件进行焊接时，大熔深模式焊接可以有效减小焊件焊接时的开坡口角度和焊层数量，焊接填充材料及时间都可以节约 30% 以上。实现了减小坡口面积、焊接次数与焊接变形量，同时消除根部未熔合缺陷等效果。在节省填充材料成本的同时，提高了焊接生产速度，大幅提升了焊接效率。图 4-19 所示为大熔深模式下 12mm 厚、2mm 间隙免坡口，单面焊双面成形效果图。

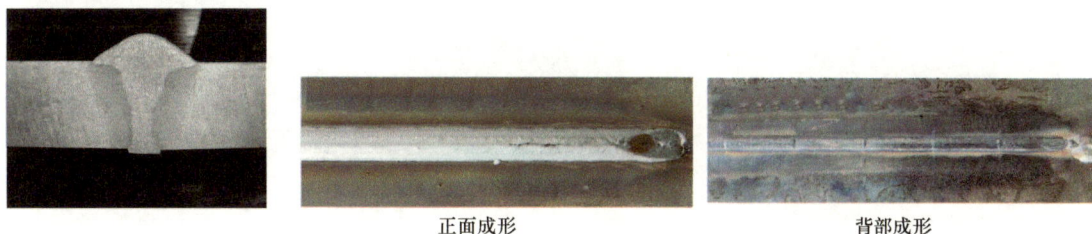

正面成形   背部成形

图 4-19 大熔深模式下 12mm 厚、2mm 间隙免坡口，单面焊双面成形效果图

3. 大熔深模式的应用

大熔深模式主要适用范围为厚板大电流焊件的深熔透焊接与厚板打底焊，当焊接电流大于 280A 时，针对大厚板的焊接选用大熔深模式可以获得良好的熔深及焊缝成形效果，在煤炭机械、工程机械等行业中应用广泛。图 4-20 所示为大熔深模式下厚板根部熔合情况。图 4-21~图 4-24 所示分别为大熔深模式在煤炭机械行业、工程机械行业、起重机和液压支架等的应用情况。

图 4-20 大熔深模式下厚板根部熔合情况

图 4-21 大熔深模式在煤炭机械行业中的广泛应用

图 4-22 大熔深模式在工程机械行业中的广泛应用

图 4-23　大熔深模式焊接起重机

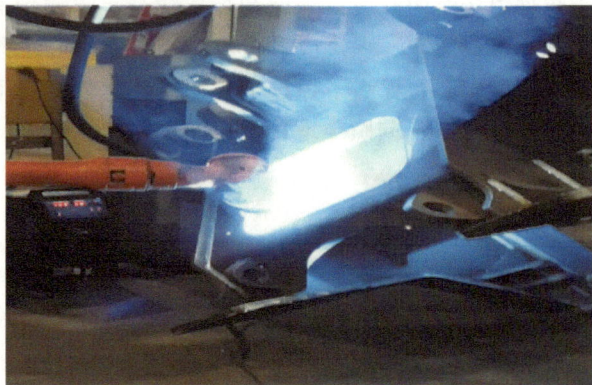

图 4-24　大熔深模式焊接液压支架

五、超短弧脉冲模式

1. 超短弧脉冲模式的原理

超短弧脉冲焊接是由传统的脉冲焊接模式演变而来的，传统脉冲模式采用一脉一滴的过渡方式，有效解决了恒压焊接过程中飞溅过大，焊后打磨工序烦琐的问题。但脉冲焊接过程中电弧弧长较高，降低了焊接过程中的热输入效率。为了解决焊接过程中的这一难题，短弧脉冲模式在脉冲峰值阶段焊丝端部熔化形成熔滴时，通过设定电压较标准脉冲电压降低，使熔滴在脉冲基值阶段与熔池接触形成短路过渡，并将电弧压低，缩短弧长，提高焊接效率。但弧长降低不可避免地会导致焊接过程中飞溅过大，新型数字化逆变焊接电源通过引入弧长控制信号，使用弧长闭环来代替原本的恒压闭环，在短弧脉冲的基础上，短路过渡过程中采用低飞溅控制法降低了焊接飞溅，焊缝的熔深一致性也更好，进一步提升了焊接过程的适应性与稳定性。图 4-25 和图 4-26 所示分别为短弧脉冲和超短弧脉冲高速摄像检测过程，图 4-27 所示为超短弧脉冲模式熔滴过渡波形设计图。

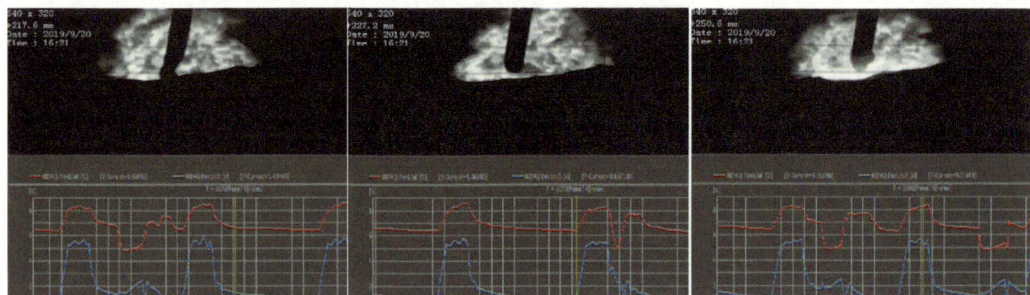

图 4-25　短弧脉冲模式高速摄像检测过程

2. 超短弧脉冲模式的特点

数字化逆变弧焊电源的超短弧脉冲模式解决了传统脉冲焊接过程中焊接电压较高，热输入过大，容易造成气孔、咬边等焊接缺陷的问题，具有以下优点。

1）电弧更短，焊接效率更高。

2）极大地减小了咬边缺陷，飞溅量相比传统脉冲焊接降低了 90%。

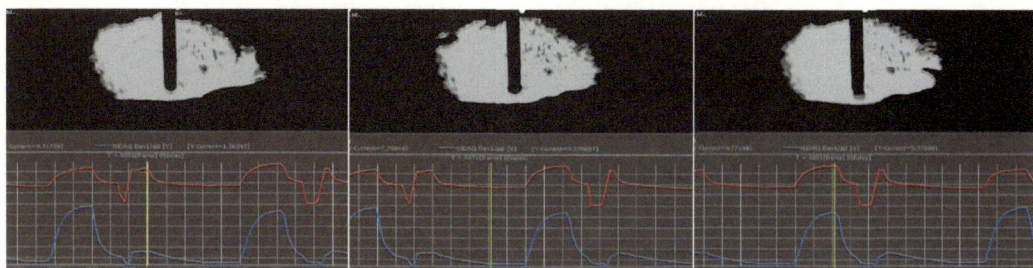

图 4-26　超短弧脉冲模式高速摄像检测过程

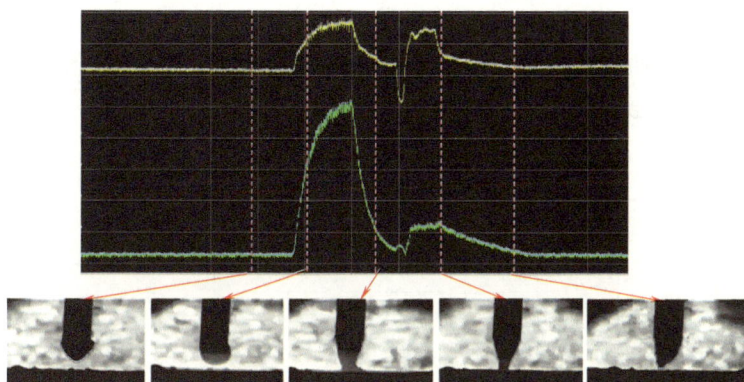

图 4-27　超短弧脉冲模式熔滴过渡波形设计图

3）传统脉冲模式在平焊、立焊、仰焊等不同的焊接位置都需要设置不同的电流、电压工艺参数，而超短弧脉冲模式可自适应焊接位置的变化，工艺自适应性更强，减少了电压参数的频繁调节，焊接过程中可以得到更大的熔深。

3. 超短弧脉冲模式的应用

该模式多用于不锈钢环保设备及汽车配件镀锌板等的焊接，焊接过程中焊缝整体形貌发亮，不易变黑，成形较美观。图 4-28 所示为采用超短弧脉冲模式与采用传统脉冲模式形成的焊缝对比。可以看出，采用超短弧脉冲模式，形成的焊缝在改善咬边缺陷、提升焊接效率方面具有明显优势。

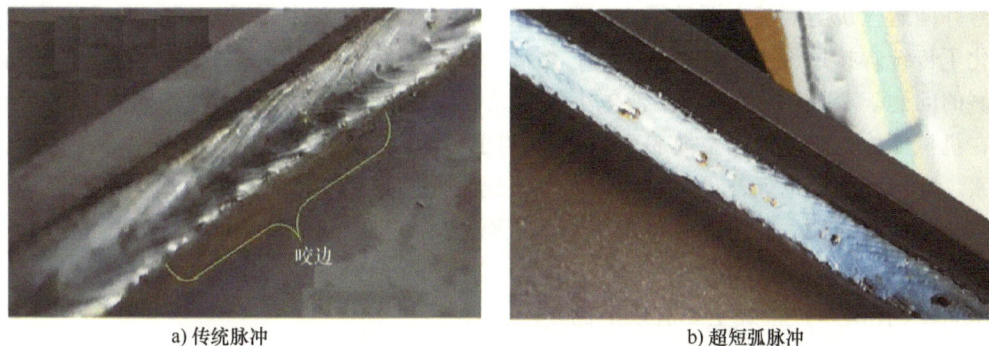

a) 传统脉冲　　　　　　　　　　　　　　b) 超短弧脉冲

图 4-28　采用超短弧脉冲模式与采用传统脉冲模式形成的焊缝对比

六、 ASMT（控温焊）模式

1. ASMT（控温焊）模式的原理

图 4-29 所示为 ASMT 模式熔滴过渡波形设计图。电弧燃烧时，焊接回路中通以正常的焊接电流，随着熔滴的长大和焊丝送进，熔滴与熔池短路，焊接回路中的电流切换为接近零的小电流，焊丝回抽，将断路小桥拉断，熔滴过渡到熔池中。短路完成后，立即在焊接回路中通以较大的电流将电弧引燃，焊丝送进；熔滴长大到足够的尺寸后，将焊接电流降为一较小值。焊接过程中利用焊丝送进-回抽频率可靠地控制短路过渡频率。焊丝的"送进-回抽"频率达 70 次/s。熔滴过渡时电压和电流几乎为零，利用焊丝回抽的机械拉力实现熔滴过渡，完全避免了飞溅。整个焊接过程就是高频率的"热-冷-热"转换的过程，大幅降低了热输入量。

ASMT模式

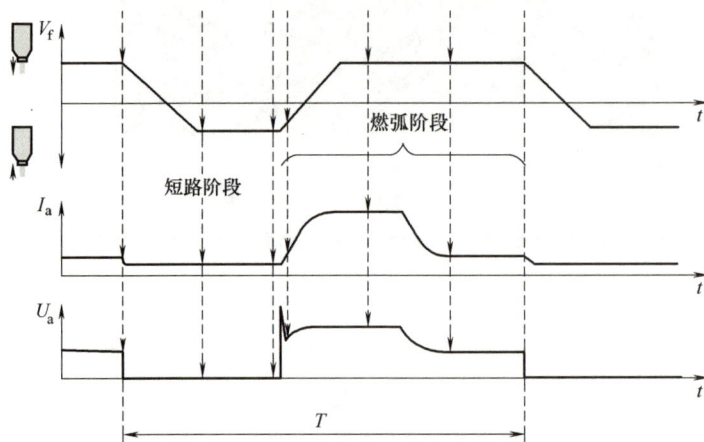

图 4-29　ASMT 模式熔滴过渡波形设计图

ASMT（控温焊）模式通过在焊接过程中协同控制焊接电流的变化与焊丝送丝运动过程，做到了焊丝运动的前进与回抽与焊接过程电流与波形之间的精准匹配，可以实现在电流较小的情况下，熔滴达到无飞溅柔性过渡的状态。ASMT 焊在 MIG/MAG 焊短路过渡基础上开发，采用推拉送丝方式，在熔滴与熔池发生短路时，通过焊机的数字信号处理器监测短路电信号并向送丝机与焊接电源反馈，保证了熔滴与熔池间不发生瞬时短路，形成可靠短路。这优化了传统焊接过程中焊丝等速送进，熔滴与熔池短路时小桥爆断，出现较大焊接热输入与飞溅的问题。ASMT 焊短路后的液体小桥内只通过很小的电流，同时焊丝转为回抽运动模式，在机械压力与熔池液态金属表面张力的共同作用下，使熔滴分离，消除了焊接飞溅产生的因素。焊丝回抽后电弧被迅速引燃，电流快速上升并加热焊丝与母材，焊丝再转为送进模式，熔化形成逐渐长大的熔滴并再次短路，从而完成一个熔滴过渡周期的循环过程。

2. ASMT（控温焊）模式的特点

ASMT（控温焊）模式主要有以下优点。

1）送丝过程与熔滴过渡过程高度匹配：传统的熔化极气体保护焊送丝系统与熔滴过渡过程总体上是处于两者相对独立的状态。ASMT 焊的焊丝送进与回抽过程则影响着熔滴过渡过程，即熔滴过渡由送丝运动的变化来控制。焊丝的运动控制包含在整个焊接系统的闭环控制中。

2）焊接过程热输入低：ASMT 焊短路时电弧熄灭，电源输出电流几乎为 0，焊接过程中产生的热量极少。燃弧电流被限制在一个较低的数值，与其他焊接方法相比热输入极低，不需要采用添加衬垫等方式就可以焊接 0.3mm 的超薄板，焊接变形极小。焊缝成形窄而高，焊接过程中产生的热量约为传统熔滴短路过渡过程的 70%。

3）熔滴过渡过程无飞溅：焊丝的机械式回抽运动推动了熔滴过渡过程，克服了传统短路过渡方式因电爆炸引起的飞溅，另外该方法还抑制了瞬时短路及其导致的飞溅。主要体现在燃弧阶段后期电流很低，可以对焊丝端头的熔滴产生整形作用，有利于平稳短路，同时短路电流极低，不会产生对熔滴排斥作用，同时还有利于熔滴金属的润湿。

4）弧长控制精准，电弧控制更稳定：传统 MIG/MAG 焊弧长通过弧压反馈的方式控制，受焊接速度和焊件表面平整度的影响较大，而 ASMT 焊过渡则通过机械方式控制电弧长度，系统采用闭环控制监测焊丝回抽长度，在导电嘴与焊件间的距离或焊接速度改变的情况下，电弧长度依然可以保持一致。

5）由于 ASMT 焊的焊接电流与弧长基本稳定，因此得到的焊缝成形较为均匀一致，熔深一致性好，焊缝质量重复精度高。

6）搭桥能力好，对焊件装配间隙要求低。

7）焊接速度快，厚度为 1mm 铝板的对接焊速度可达 2.5m/min。

ASMT 焊模式优化了传统冷金属过渡的送丝与能量控制过程，通过控制焊丝高速运动可以在冷却熔池的同时稳定电弧，达到焊接过程热输入更精准的控制及控温效果，实现了更稳定的焊接过程。

与传统的 MIG/MAG 焊接设备相比，ASMT 焊设备的最大差异在于其送丝机构。焊丝端头以 70Hz 的频率高速进行往复运动，依靠传统的送丝机构很难完成这样的任务，必须采用数字控制的送丝机构。ASMT 焊的送丝机构由两套数字化送丝机与拉丝电动机控制盒组成，其中后送丝机只负责将焊丝向前送出，前送丝机是使焊丝高频推拉运动的关键。传统齿轮传动的运动惯性无法达到要求，因此系统采用无齿轮设计，依靠新型拉丝系统来保证连续的接触压力。焊丝传感器则减弱了前后送丝机构间的矛盾，保证了送丝过程的平顺。图 4-30 和图 4-31 所示分别为 ASMT 焊系统和 ASMT 焊送丝系统。

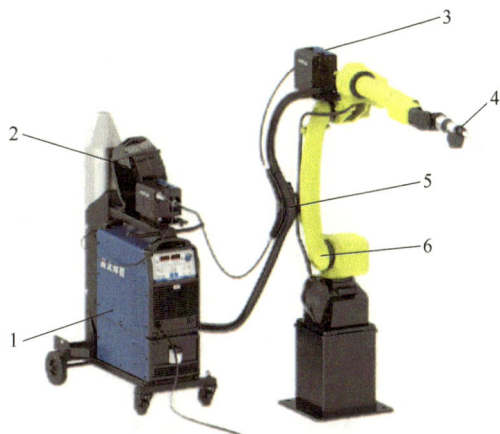

图 4-30 ASMT 焊系统

1—焊接电源 2—送丝机构部件 3—拉丝电机控制盒部件
4—伺服推拉丝焊枪 5—焊丝传感器 6—焊接机器人

ASMT 焊模式的另一大特点是配置了伺服推拉丝焊枪。推拉丝焊枪作为焊枪领域的高端设备，在碳素钢、铝合金等领域被广泛采用，因其将拉丝电动机装至靠近焊接位置，使得送丝较为顺畅而不易堵丝，尤其是在铝焊工况下尤为突出，并且其焊接的质量及焊接速度都优于普通焊枪。图 4-32 所示为 ASMT 焊伺服推拉丝焊枪。

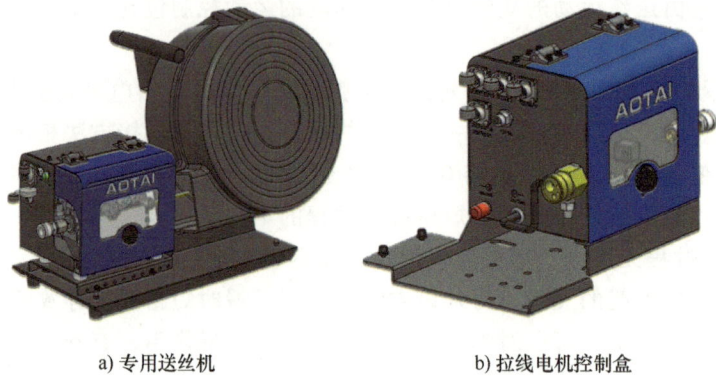

a) 专用送丝机　　　　　　　　　　b) 拉线电机控制盒

图 4-31　ASMT 焊送丝系统

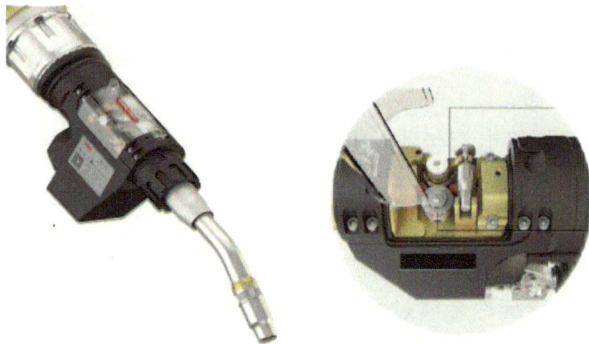

图 4-32　ASMT 焊伺服推拉丝焊枪

　　与传统焊接过程相比，ASMT 焊模式下焊接热输入量的下降量可以达到 50%，这更有利于薄板特别是铝合金材料的焊接，可以实现厚度为 0.5mm 的铝合金薄板的焊接需求。同时，ASMT 焊的大间隙搭桥焊接能力也有显著提升，传统脉冲工艺焊接搭桥间隙超过 1mm 时就会严重影响焊接成形，ASMT 焊工艺则可以实现间隙为 2mm 的铝合金搭接焊接。同时ASMT 焊模式可以在熔滴过渡分离过程中将能量控制在最低，在大幅降低飞溅的同时，极高地提升了焊接速度，在焊接 2mm 厚的铝合金焊件时其焊接速度可达传统脉冲工艺的两倍，极大程度提高了焊接生产率。图 4-33 所示为 ASMT 焊与传统脉冲焊在同样规范、同样熔深下焊接速度的对比。

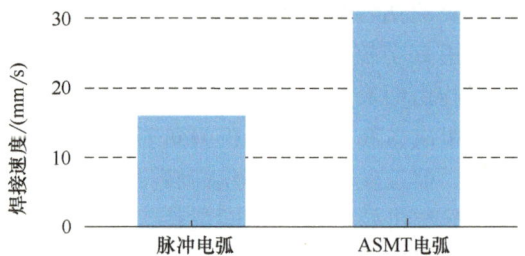

图 4-33　ASMT 焊与传统脉冲焊在同样
规范、同样熔深下焊接速度的对比

　　ASMT 焊模式下，焊丝伸出导电嘴与焊件表面接触，接触时检测到短路电流，在伺服焊枪帮助下令回抽焊丝；在小电流下起弧后，焊丝前端熔化并与焊件分离。整个起弧过程控制精确，从而保证了熔滴的平稳过渡。图 4-34 所示为 ASMT 焊无飞溅引弧过程。

3. ASMT（控温焊）模式的应用

　　ASMT 焊电弧增材制造技术是采用电弧为热源熔融丝材，逐层熔覆，根据三维数字模型由线—面—体逐渐成形出金属零件的先进数字化制造技术。与传统的铸造、锻造工艺相比，

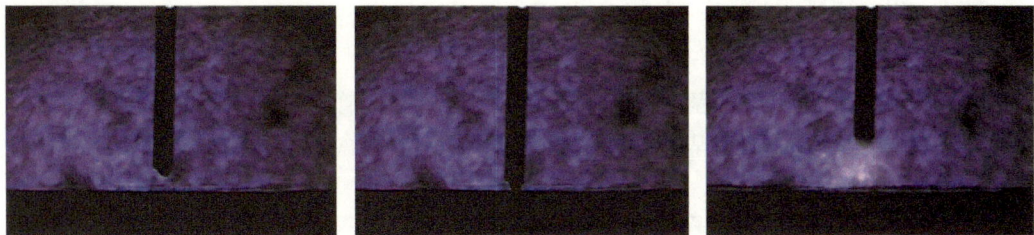

图 4-34 ASMT 焊无飞溅引弧过程

ASMT 焊技术无须模具，整体制造周期短，柔性化程度高，能够实现数字化、智能化和并行化制造，对设计的响应快，特别适合于小批量、多品种产品的制造。此外，与锻造产品相比，ASMT 焊显微组织及力学性能更好，更节约材料，尤其是贵重金属材料。与以激光和电子束为热源的增材制造技术相比，ASMT 焊技术具有沉积速率高、丝材利用率高、制造成本低等优势；制造零件尺寸不受设备成形腔和真空室尺寸的限制；对金属材质不敏感，可以成形对激光反射率高的材质，如 Al 合金、Cu 合金等，此外还具有原位复合制造及大尺寸零件的成形能力。图 4-35~图 4-37 所示分别为 ASMT 焊电弧增材制造铜基耐磨堆焊、ASMT 焊电弧增材制造不锈钢堆焊和 ASMT 焊 3D 打印。

图 4-35 ASMT 焊电弧增材制造铜基耐磨堆焊

图 4-36 ASMT 焊电弧增材制造不锈钢堆焊

图 4-37 ASMT 焊 3D 打印

▶ 第三节　焊接模式应用与编程

机器人焊接编程，要求操作者在熟悉、掌握各种焊接模式的焊接工艺特点基础上，必须根据焊件结构型式、焊缝位置、板厚、接头、坡口及技术要求灵活应用各种焊接模式。

一 低飞溅模式应用与编程

1. 电动车车架焊接流程

电动车车架流水线焊接过程包括以下流程：①边管、头管等散件焊接；②左右管等盆架焊接；③头管补强件、减振管焊接；④主车架焊接；⑤电池盒焊接；⑥脚踏板焊接。各部分焊接流程如图 4-38 所示。

a) 边管、头管等散件焊接　　　b) 左右管等盆架焊接　　　c) 头管补强件、减振管焊接

d) 主车架焊接　　　　　　　e) 电池盒焊接　　　　　　　f) 脚踏板焊接

图 4-38　低飞溅模式焊接电动车车架流程

2. 焊缝位置及接头形式

图 4-39 所示为低飞溅模式焊接焊缝位置及主要接头形式。

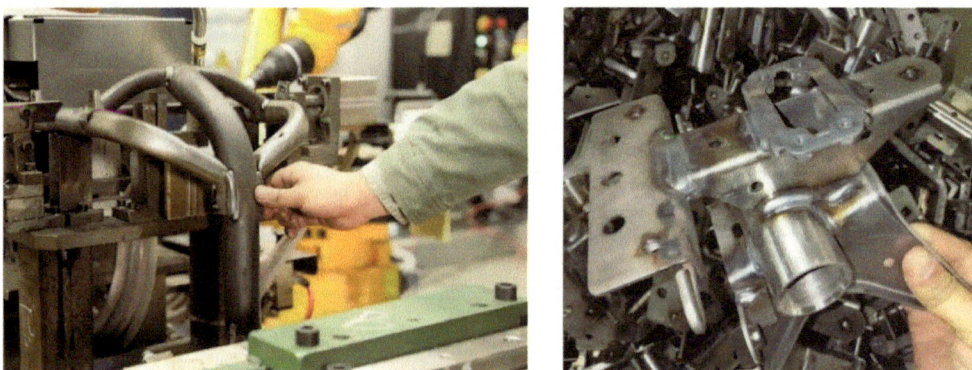

图 4-39　低飞溅模式焊接焊缝位置及主要接头形式（对接/搭接）

3. 焊接技术要求

焊缝宽度约 4~5mm，焊缝不允许有气孔、未熔合、焊穿、接头平滑、成形美观。

4. 低飞溅焊接模式工艺试验

根据技术要求制定机器人焊接工艺试验方案。焊接参数见表 4-1。

表 4-1 低飞溅模式工艺试验焊接参数

母材材质	Q235	保护气体(体积分数)	Ar80%+CO$_2$20%混合气
母材厚度/mm	1.5~2.5	气体流量/(L/min)	20
焊丝直径/mm	1	焊接电流/A	100
干伸长/mm	15	焊接速度/(mm/s)	7

5. 机器人焊接工艺试验结果

低飞溅模式焊接电动车车架零部件的效果如图 4-40 所示。与恒压模式工艺相比，低飞溅模式起弧性能良好；焊接飞溅小，无须焊后额外处理飞溅颗粒；在间隙较大的位置焊接性能良好，可以保障焊缝成形。

6. 机器人焊接编程

（1）选用焊接模式 以某品牌机器人示教器为例，需先通过焊接电源控制面板的存储按键将选用的焊接模式及相关参数存储到焊接电源内部，之后通过将焊接电

图 4-40 低飞溅模式焊接效果图

源隐含参数中的"近控"选项更改为"远控"，通过机器人示教器进行焊接模式的调用。

图 4-41 所示为通过示教器的 DATA 键进入焊接程序的模式选择界面，将模式更改为"JOB 模式"后方可通过示教器进行调用。

图 4-42 所示为焊接程序编程界面，其中起弧指令中的倒数第一项与收弧指令中的倒数第二项为选择调用的模式 Job 号（图中以 2 号 Job 为示例）。

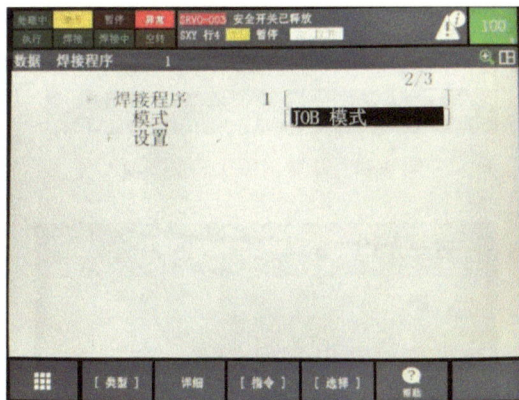

图 4-41 示教器焊接程序模式选择界面

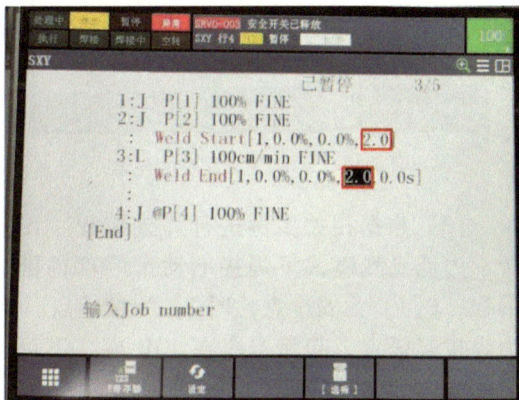

图 4-42 示教器焊接程序编程界面
（红框内即调用 Job 号）

之后通过 MENU 按键，选择"I/O"菜单中的"组"选项，将图 4-43 中 EQ1 Job Number 中的值与编程界面中的值设为一致，即可通过调用存储在焊接电源中的 Job 号实现焊接模式的选择与切换。

（2）选择焊接电流/电压/焊接速度　图 4-44 和图 4-45 所示分别为起弧与收弧状态下的焊接参数相关设置，其中图 4-44 起弧指令中的第二项，第三项与第五项分别代表起弧时的送丝速度（电流）、弧长（电压）以及回烧时间。图 4-45 收弧指令中的第二项，第三项、第五项与第六项分别代表起弧时的送丝速度（电流）、弧长（电压）、回烧时间以及收弧延迟时间。通过相关设置可以实现焊接时起、收弧过程的参数改变。

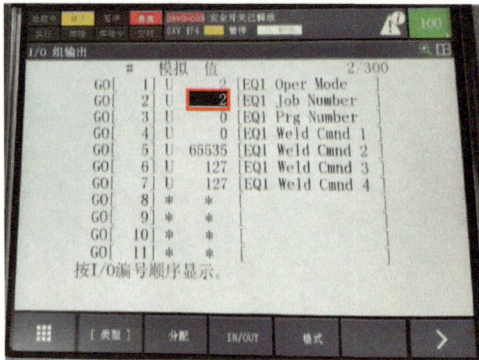

图 4-43　示教器 I/O 组输出界面

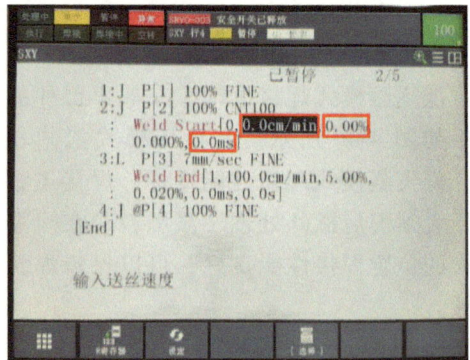

图 4-44　示教器起弧指令界面

图 4-46 所示为示教器界面中关于焊接程序焊接速度的设置，通过改变这一数值可以实现编程中焊接速度的改变。

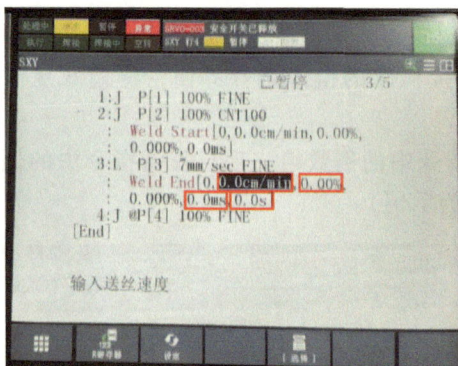

图 4-45　示教器收弧指令界面

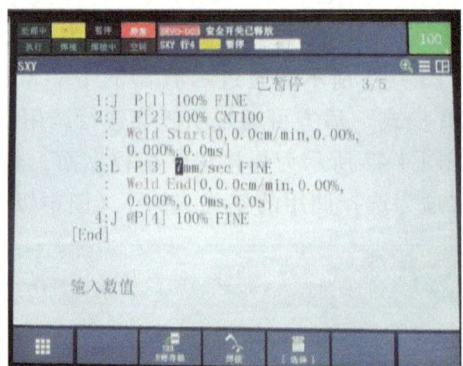

图 4-46　示教器焊接速度界面

（3）根据相关实例进行焊接编程　图 4-47 所示为低飞溅模式下焊接电动车零部件圆管的编程，P[1] 为安全点，P[2] 为接近点。P[3] 为焊接起弧点，起弧指令在 JOB 模式下可以实现预先存储在焊接电源中的相关参数的调用（此处为 2 号 Job，具体焊接参数与表 4-1 中一致）。P[4]、P[5]、P[6]、P[7] 为圆弧上的四个点，其中焊缝中间点间需采用 CNT100 模式下的平滑过渡才可以保证焊缝整体的一致和平整。P[7] 同时也是焊接收弧点，为了保证焊缝整体的成形，可以将收弧点位置略微覆盖起弧

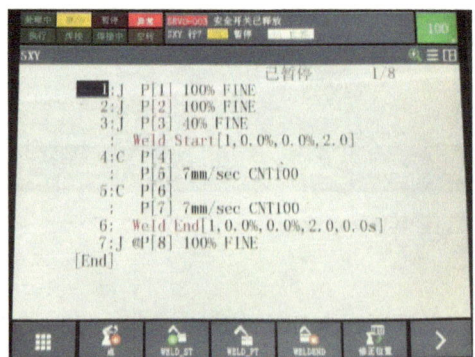

图 4-47　低飞溅模式焊接电动车零部件圆管示教器编程

点 P[3]。P[8] 则为收弧后的安全点位置。

二、大熔深模式应用与编程

1. 铁塔钢结构焊接流程

铁塔钢结构焊接流程由以下部分组成：①打底焊接；②背面填充焊接；③表面填充焊接；④表面盖面焊接。焊接流程如图 4-48 所示。

a) 打底焊接

b) 背面填充焊接

c) 表面填充焊接

d) 表面盖面焊接

图 4-48　大熔深模式焊接铁塔钢结构件流程

2. 焊缝位置及接头形式

图 4-49 所示为大熔深模式焊接焊缝位置及主要接头形式。

3. 焊接技术要求

焊缝外观成形良好，焊接飞溅小，焊后焊脚尺寸达到 25mm 以上，探伤合格率超过 60%。

4. 大熔深焊接模式工艺试验

根据技术要求制定机器人焊接工艺试验方案，焊接参数（大熔深打底焊）见表 4-2。

图 4-49　大熔深模式焊接焊缝位置及主要接头形式（船形焊/角接头）

表 4-2　大熔深模式工艺试验焊接参数

项目	参数
焊接位置	船形焊
母材材质	Q355
板厚/mm	底板 32,立板 29
焊枪倾角	30°
焊丝直径/mm	1.2
干伸长/mm	20
保护气体(体积分数)	Ar80%+$CO_2$20%混合气
气体流量/(L/min)	20
焊接电流/A	330
焊接电压/V	32
焊接速度/m/min	0.3

5. 机器人焊接工艺试验结果

大熔深模式焊接铁塔钢结构部件的效果如图 4-50 所示。大熔深模式凭借其电弧压力高、焊接熔深大的特点,在焊接过程中可以有效减小焊件开坡口角度及焊层数量,大大提高了生产率。

6. 机器人焊接编程

图 4-51 所示为大熔深模式下船型打底焊焊接铁塔钢结构部件示教器的编程界面,P[1]为安全点,P[2]为接近点。P[3]为焊接起弧点,起弧指令在 JOB 模式下可以实现预先存储在焊接电源中的相关参数的调用(此处为 2 号 Job,具体焊接参数与表 4-2 中一致)。P[4]为焊接收弧点,P[5]则为收弧后的安全点位置。

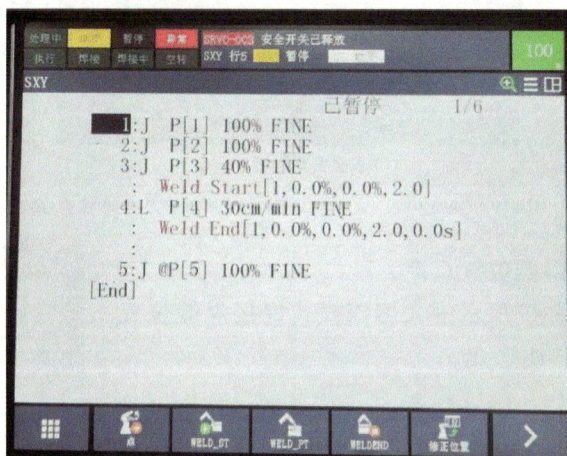

图 4-50　大熔深模式焊接效果图　图 4-51　大熔深模式下船型打底焊焊接铁塔钢结构部件示教器编程界面

三、脉冲模式应用与编程

1. H 型钢箱型梁部件结构型式

H 型钢生产线主要由切割机、组立机、龙门式焊机、翼缘矫正机、抛丸机等主要设备组成，在生产工艺上为单机独立操作，比较灵活，可在不同的工艺段任意增添设备，以提高整体运行效率。其焊接生产工艺流程如图 4-52 所示。

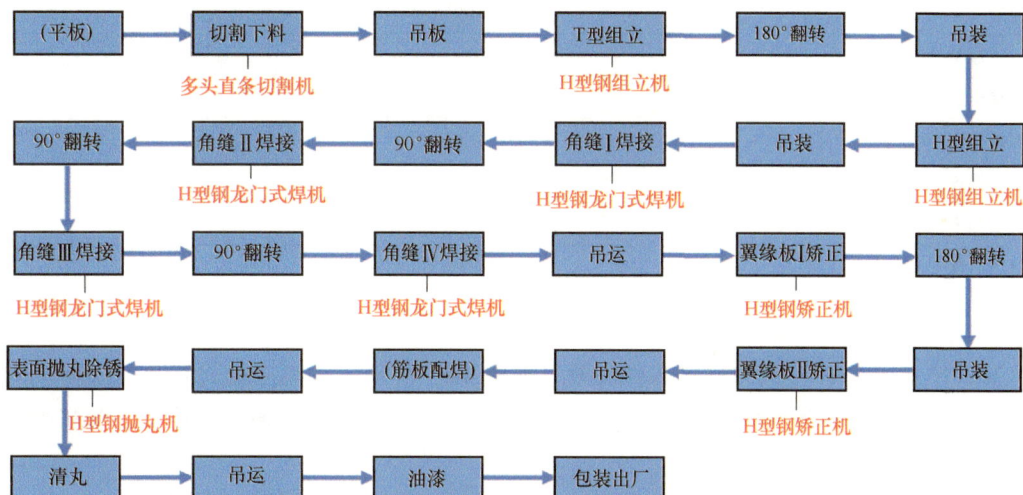

图 4-52 脉冲模式焊接 H 型钢结构件工艺流程示意图

2. 焊缝位置及接头形式

图 4-53 所示为脉冲模式焊接焊缝位置及主要接头形式。

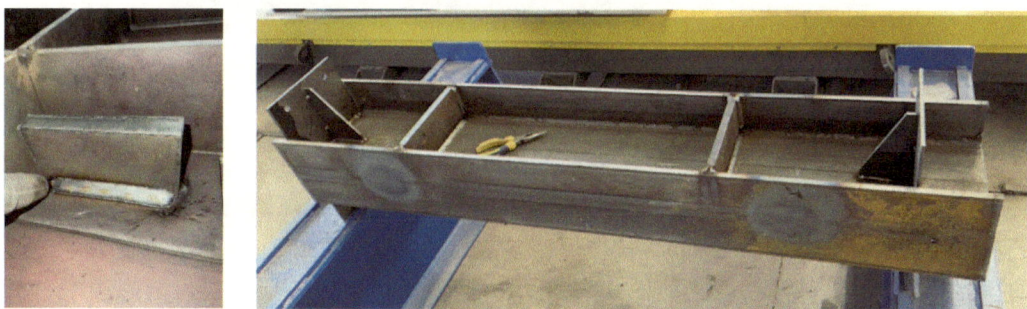

图 4-53 脉冲模式焊接焊缝位置及主要接头形式（船形焊/角接头）

3. 焊接技术要求

焊接过程稳定，飞溅小，热输入量小，焊缝成形美观。

4. 脉冲焊接模式工艺试验

根据技术要求制定机器人焊接工艺试验方案，焊接参数见表 4-3。

表 4-3 脉冲模式工艺试验焊接参数

项目	参数
母材材质	Q355B
板厚/mm	10～14
焊枪倾角	30°
焊丝直径/mm	1.2
干伸长/mm	20

（续）

项目	参数
保护气体（体积分数）	Ar80%+CO$_2$20%混合气
气体流量/L/min	20
焊接电流/A	230
焊接速度/m/min	0.3
摆动幅度/mm	2.5
摆动频率/Hz	2
停留时间/s	0.3

5. 机器人焊接工艺试验结果

脉冲模式焊接 H 型钢箱型梁部件的效果如图 4-54 所示，与恒压模式相比，脉冲模式下的焊接过程稳定，焊接飞溅较小，焊后不容易出现气孔，热影响区减小，降低了焊接变形和焊后残余应力。

图 4-54 脉冲模式焊后效果图

6. 机器人焊接编程

图 4-55 所示为脉冲模式下焊接 H 型钢部件的示教器编程界面，P[1] 为安全点，P[2] 为接近点。P[3] 为焊接起弧点，起弧指令在 JOB 模式下可以实现预先存储在焊接电源中的相关参数的调用（此处为 2 号 Job，具体焊接参数与表 4-3 中一致）。Weave Sine 为焊接过程中的摆焊指令，其具体运动轨迹如图 4-56 所示。摆焊指令中的各项分别为摆焊频率、摆焊幅度以及左/右侧停留时间。P[4] 为焊接收弧点，P[5] 则为收弧后的安全点位置。

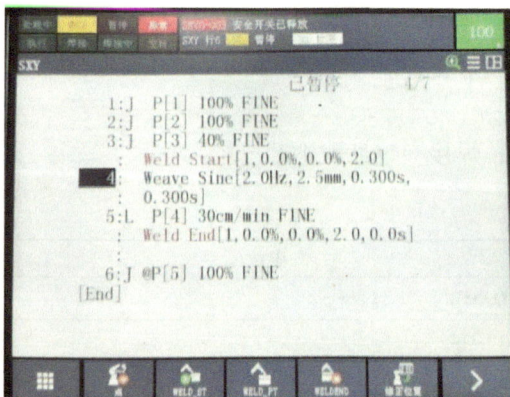

图 4-55 脉冲模式下焊接 H 型钢部件
示教器编程界面

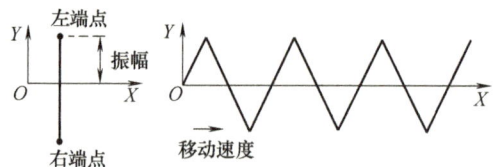

图 4-56 摆焊运动轨迹

复习思考题

一、选择题

1. 下列哪一项属于低飞溅模式的特点？（　　）

A. 较适合焊接间隙大的焊件，焊接适应能力强

B. 有良好的引弧性能

C. 电弧压力高，焊接熔深大

D. 送丝与熔滴过渡过程高度匹配

2. 哪种焊接模式适用于在较大电流规范下焊接板厚较大的焊件？（　　）

A. 恒压模式 　　　 B. 大熔深模式 　　　 C. 脉冲模式 　　　 D. 超短弧脉冲模式

3. 下列哪一项属于 ASMT 模式的原理？（　　）

A．当检测出细颈现象时马上停止逆变输出，同时关断二次开关，使电流急剧下降，防止保险丝效应出现

B. 通过控制电弧形态，将电弧压缩，实现电弧热量的进一步集中，向焊件发出集中的高能电弧

C. 通过引入弧长控制信号，使用弧长闭环来代替原本的恒压闭环降低焊接飞溅

D. 电弧燃烧时，焊接回路中通以正常焊接电流，焊丝送进，随着熔滴的长大和焊丝送进，熔滴与熔池短路，焊接回路中的电流切换为接近零的小电流，焊丝回抽，将断路小桥拉断，熔滴过渡到熔池中。

二、简答题

1. 简述 ASMT 的复合模式工艺及其特点。
2. 简述脉冲模式与传统恒压模式气保焊相比的优缺点。

【榜样的力量】

大国工匠：艾爱国

这位身量不高，穿一身灰蓝工作服的湘钢工人，正是被誉为"钢铁缝纫师"、焊接领域"领军人"的大国工匠艾爱国。他曾多次参与国家重大项目焊接技术攻关，为我国冶金、军工、矿山等行业攻克焊接技术难关 400 多个，改进工艺 120 多项，并获发明专利 1 项。

2021 年 9 月 8 日，在"七一勋章"获得者艾爱国同志先进事迹北京大学专题报告

会上，艾爱国讲述了他在焊接岗位五十多年的奋斗历程与作为一名共产党员的认知、体悟。他谈到，在 50 多年的奋斗路上，"初心"和"使命"一直与他相伴相随，"一辈子当工人，就要当个好工人"始终是他坚守的初心。结合自己的奋斗经历，这位大国工匠也为北大学子的成长进行谆谆叮嘱，并勉励广大青年将青春投入到党和人民最需要的地方去。

"当工人，就要当个好工人"

黑色的翻毛皮鞋，蓝灰的工作服，再配上一把焊枪，艾爱国在湘钢厂的焊工车间一线，一待就是 53 年。53 年间，艾爱国始终践行的，是 19 岁初入湘钢厂时父亲叮嘱他的一句话："当工人，就要当个好工人。"

焊接是项技术活，为了能摸到窍门，艾爱国无数次拿起焊枪，对着裂口接缝反复琢磨，纵使皮肤被灼烧蜕皮，他也舍不得放下手中的焊枪。凭借着努力和积累，艾爱国在 1982 年以优异成绩考取电焊、气焊合格证，成为当时湘潭市唯一一位持有双证的焊接工人。

在焊接过程中，工人将直面高温带来的不适与恐惧。勇敢与坚定，是一名优秀的焊接工人必须具备的特质。焊接纯铜件是艾爱国的拿手绝活。但焊接过程中，他将面对的是"人的身体极限"：纯铜属性特殊，即使是焊接一个部位，仍需将整件铜器加热到七八百摄氏度。有一次，艾爱国为食品机械厂焊接设备，3m 高的铜锅需要将外面加热到近 700℃，锅内垫一块石棉，人就这样跳进去焊个几分钟，热到受不住再跳出来。

"我这辈子就只做焊接这一件事。"艾爱国如是说道。"七一勋章"颁奖典礼结束后，仍是一身蓝灰工作服，仍踩着一双翻毛的黑色皮鞋，艾爱国推着旧单车，回到了他熟悉的焊接研究室。"不论当工人还是做其他工作，要想有所建树，做点贡献，那么，知识、干劲、奉献精神三者缺一不可。勤于钻研，勇于拼搏，乐于奉献，无私传艺，这就是我毕生的追求。我过去是这样做的，将来，我还是会这样做。"艾爱国这样说。

第五章 变位机

【知识目标】

掌握工装夹具的基本知识，包括其作用、分类和基本要求；熟悉焊接机器人系统常用的系统形式；了解变位机的功能及规格；能够对各种次序指令在程序中灵活运用，读懂流程指令与焊接指令并加以应用。

【能力目标】

1. 能认识各类型变位机。
2. 能熟练进行机器人与变位机协同编程。
3. 能正确使用工装夹具。

【素养目标】

培养专注、细心、精准、效率的岗位特质。

焊接变位机在现代焊接工艺中扮演着重要的角色。它的主要功能是对焊件进行准确而稳定的位置变换，以适应焊接过程中的各种要求。

▶ 第一节　焊接变位机的性能及特点

焊接变位机能够精确控制焊件的位置，保证焊接的准确性和一致性。现代焊接变位机多采用自动化控制，操作简便，效率高。焊接变位机适用于多种材料的焊接作业，包括碳素钢、不锈钢、铝合金等，能够实现全位置焊接。变位机可以提升焊件在焊接过程中的稳定性，有效防止焊件移位或变形。机器人与变位机协同控制，可以减少编程示教器点，提高编程操作效率。

一、旋转式变位机的性能及特点

1. 旋转式变位机的性能

（1）变位功能　旋转式变位机通过驱动传动系统，将输入的旋转运动转换为输出的旋转运动，实现双轴间的变位。在变位过程中，它可以控制输出轴相对于输入轴的旋转和夹角的变化，以满足不同焊接作业的需求。

（2）刚性与承载力 旋转式变位机通常采用组合箱形底座，这种设计使得变位机具有较大的刚性和承载力，能够稳定地支承焊件，并承受焊接过程中产生的各种力和力矩。

2. 旋转式变位机的特点

（1）旋转机构 旋转式变位机通过旋转机构来调整焊件的旋转角度。这种机构通常由电动机、减速器以及旋转盘组成。电动机提供动力，通过减速器调节转速，最终驱动旋转盘以及上面的焊件旋转到所需位置。

（2）翻转机构 除了旋转之外，旋转式变位机还具有翻转功能，可以使焊件在垂直或水平方向上翻转到特定角度。它通过另一个电动机驱动的翻转架或臂来实现，从而实现对焊件的多角度定位，如图 5-1 所示。旋转式变位机的规格参数见表 5-1。

图 5-1 旋转式变位机

表 5-1 旋转式变位机规格参数

名称		旋转式变位机			
型号		QJ-250-01		QJ-500-01	
轴号		垂直旋转轴(J1)	水平旋转轴(J2)	垂直旋转轴(J1)	水平旋转轴(J2)
变位机构		双轴旋转变位机（WB2s 系列）			
最大允许负载/kg		250		500	
圆盘直径/mm		500		800	
标配减速机/电动机（可选配）	伺服电动机功率/kW	1.5		2.0	1.5
	电动机规格	SV-X1MM150A-B2LA		SV-X1MM200A-B2LA	SV-X1MM150A-B2LA
	减速机规格	SHPR-80E-121	SHPR-40E-153	SHPR-110E-160	SHPR-80E-121
旋转速度（可订制）	额定转速/[(°)/s]	75	85	70	74
	最大转速/[(°)/s]	78(2000r/min)	99(2000r/min)	75(2000r/min)	78(2000r/min)
焊件回转半径/mm		600			
重复定位精度/mm		1.0		1.5	
旋转角度		±90°	±360°	±90°	±360°
安装方式		水平安装			
偏心率/mm		≤150	≤150	≤150	≤150
重心率/mm		≤300	≤200	≤300	≤200
最大外形尺寸（长/mm×宽/mm×高/mm）		1020×640×75			

二、L 型变位机的性能及特点

1. L 型变位机的性能

L 型变位机工作台安装在伸臂一端，该机变位范围大，作业适应性好，但整体稳定性差。

2. L 型变位机的特点

（1）结构设计 L 型变位机的基本结构包括一个底座和两个主要旋转轴——一个用于水平旋转，另一个用于垂直翻转。这种设计允许焊件在两个不同的平面上进行旋转，从而实现多角度的焊接接入，如图 5-2 所示。L 型变位机的规格参数见表 5-2。

（2）应用场景 L 型变位机最大的特点是回转空间较大，适用于外形尺寸较大的汽车制造、船舶建造、重型机械制造等焊件。

图 5-2 L 型变位机

表 5-2 L 型变位机规格参数

名称		L 型变位机					
型号		QJ-500-02		QJ-1000-02		QJ-2000-02	
轴号		垂直旋转轴（J1）	水平旋转轴（J2）	垂直旋转轴（J1）	本平旋转轴（J2）	垂直旋转轴（J1）	本平旋转轴（J2）
变位机构		双轴 L 型变位机					
最大允许负载/kg		500		1000		2000	
圆盘直径/mm		800		1200		1500	
标配减速机/电动机（可选配）	伺服电动机功率/kW	2.0	1.5	3.0	2.0	3.0	
	电动机规格	SV-X1MM200A-B2LA	SV-X1MM150A-B2LA	SV-X1MM300A-B2LA	SV-X1MM200A-B2LA	SV-X1MM300A-B2LA	
	减速机规格	SHPR-80E-121	SHPR-40E-153	SHPR-110E-160	SHPR-80E-121	SHPR-160E-60	SHPR-110E-160
旋转速度（可订制）	额定转速/[(°)/s]	28.5	55	26	44	16.7	27.6
	最大转速/[(°)/s]	42.7（3000r/min）	72（3000r/min）	38（3000r/min）	65（3000r/min）	25（3000r/min）	42（3000r/min）
焊件回转半径/mm		1000					
重复定位精度/mm		±1.5					
旋转角度		±180°	±360°	±180°	±360°	±180°	±360°
总功率/VA		3500		5000		6000	
安装方式		水平安装					
偏心率/mm		≤150	≤150	≤150	≤150	≤150	≤150
重心率/mm		≤300	≤200	≤300	≤200	≤300	≤200
最大外形尺寸（长/mm×宽/mm×高/mm）		2485×950×1465		2485×1200×1465		2485×1500×1465	

三、 头尾式变位机的性能及特点

1. 头尾式变位机的性能

（1）变位功能 头尾式变位机通过翻转，可以将焊件在焊接过程中调整到最佳位置。这种设备通常由一个头部装置和一个尾部装置组成，两者之间可以调整距离以适应不同长度的焊件，如图 5-3 所示。头尾式变位机的规格参数见表 5-3。

（2）倾斜调整 头尾式变位机能够对焊件进行倾斜，这样可以确保焊接接缝始终处于最佳位置，如水平或向下的位置，以便于焊接机器人进行操作。

图 5-3 头尾式变位机

2. 头尾式变位机的特点

（1）同步运动 在一些高级模型中，头部和尾部装置可以进行同步运动，这样可以在不改变焊件位置的情况下调整焊件的角度或位置，非常适合复杂形状的焊接。

（2）适应焊件 可以处理长达数米的大型焊件，通过调整头部和尾部的位置，可以非常灵活地处理不同长度的焊件，适合于连续焊接较长的直线或曲线。

表 5-3 头尾式变位机规格参数

名称		头尾式变位机		
型号		QJ-250-03	QJ-500-03	QJ-1000-03
变位机构		单轴头尾式变位机		
最大允许负载/kg		250	500	1000
框架尺寸（长/mm×宽/mm×高/mm）		1800×800×90	1800×800×90	800×800×90
标配减速机/电动机（可选配）	伺服电动机功率/kW	1.5		3.0
	电动机规格	SV-X1MM150A-B2LA		SV-X1MM300A-B2LA
	减速机规格	SHPR-40E-153	SHPR-80E-121	SHPR-160E-60
旋转速度	额定转速/[(°)/s]	80	70	50
	最大转速/[(°)/s]	99(2000r/min)	78(2000r/min)	70(2000r/min)
焊件回转半径/mm		650		
重复定位精度/mm		1.0		1.2
旋转角度		±360°		
总功率/V·A		1500		3000
安装方式		水平安装		
偏心率/mm		≤150		≤100
重心率/mm		≤300		≤200
最大外形尺寸（长/mm×宽/mm×高/mm）		3186×800×950	2485×1200×1465	2485×1500×1465

▶ 第二节　　附加轴的参数设置

一、系统参数设置

从"参数设置"中进入"系统参数"，找到"是否支持变位机"，通过修改"0"或"1"选择启用变位机或不启用变位机，如图5-4所示。

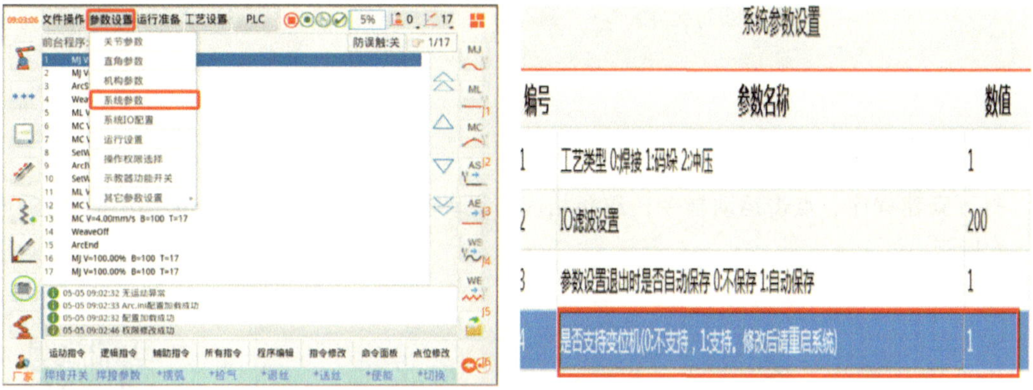

图5-4　系统参数设置

二、关节参数设置

从"参数设置"中进入"关节参数"，选择到7~9轴关节参数表（根据实际情况修改），如图5-5所示。

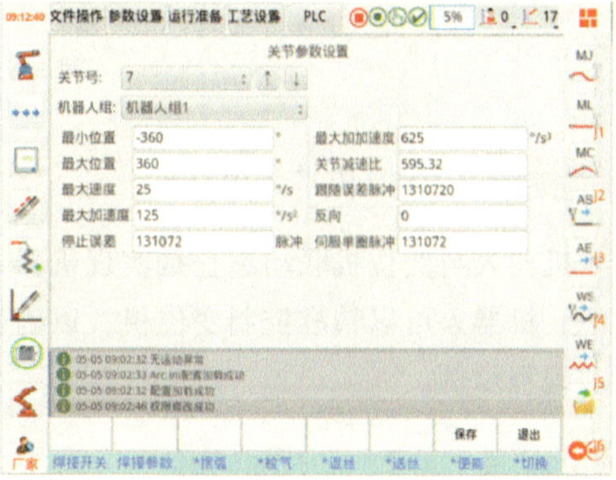

1）设置匹配7~9轴关节中的参数。

2）最小位置和最大位置是根据实际旋转角度来做最大和最小的限制。

3）最大速度 = 2000÷减速比×6（参考电动机转速为2000r/min）。

4）最大加速度 = 最大速度×5。

5）最大加加速度 = 最大加速度×10（最小乘5倍）。

图5-5　关节参数设置

6）跟随误差脉冲设置成编码器单圈脉冲的6~10倍，如131072×10 = 1310720。

7）伺服单圈脉冲值为电动机的17位编码器（131072）值或23位编码器（8388608）值。

8）参数停止误差值和伺服单圈脉冲数值相同。

9）反向参数值为0时，轴旋转方向取正；值为1时，轴旋转方向取反。

10）关节减速比参数的设置值按照实际减速机机械参数给定。

三、 标定外部轴机械零位

调整 7、8、9 轴机械位置到要设定的机械零位位置，接着进入"操作权限选择"，选择厂家权限，输入密码"888999"进行登录，然后进入"运行准备"子菜单"零点设置"界面后，将光标移动至 7、8、9 轴上，点击"单轴标定"按钮。

注意：对附加轴标定零点位置时，请选择点击"单轴标定"按钮进行附加轴的标定，不要点击"零点标定"按钮，此按钮是一键全部轴标定。

▶ 第三节　　变位机的应用与编程

一、 基本编程指令

打开新建程序，点击运动指令，选择相应的运动指令，插入运动指令选择协同状态，如图 5-6 所示。

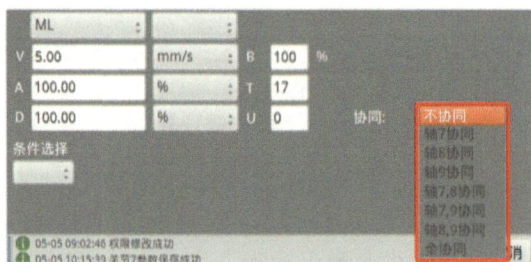

图 5-6　协同状态选择

二、 变位机联动编程

机器人与变位机联动编程是实现机器人和变位机之间的联动工作，但不协同。在这种编程中，机器人可以精准控制变位机，以确保焊件上的焊缝处于最佳焊接角度，图 5-7 所示为联动编程示例。

三、 变位机协同编程

当焊接机器人与变位机协同时，机器人与变位机可以灵活地移动，实现多角度、多方向的焊接，从而大幅提升焊接速度和效率。通过预先编程，焊接机器人与变位机可同步运行，能够精确控制焊接路径，无须停顿，实现连续不断的焊接过程。图 5-8 所示的示例为铝合金管板焊接，使用变位机协同焊接，在焊接过程中变位机旋转，机器人保持姿态不变，这时就需要机器人与变位机协同控制。由于焊接时机器人焊枪不用改变姿态，可以保证更稳定地送丝，使焊接效果更佳。

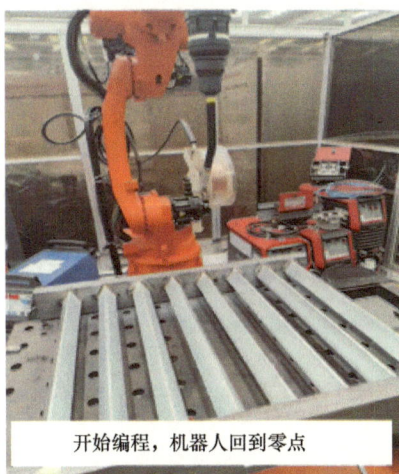

开始编程，机器人回到零点

将变位机旋转到最佳焊接位置后，再把机器人示教到焊接点，进行焊接编程，在焊接编程中，变位机角度不变动

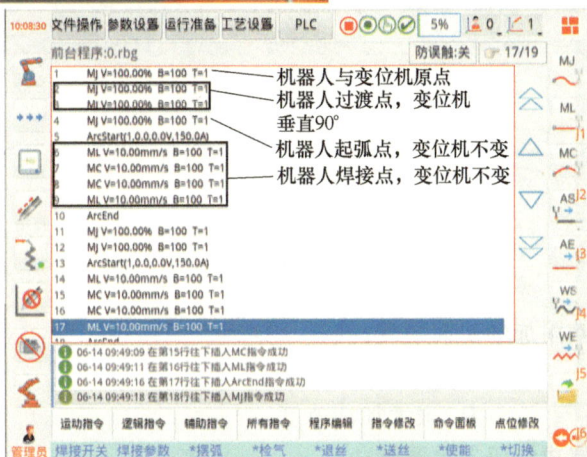

机器人与变位机原点
机器人过渡点，变位机垂直90°
机器人起弧点，变位机不变
机器人焊接点，变位机不变

图 5-7 联动编程示例

开始编程，机器人回到零点

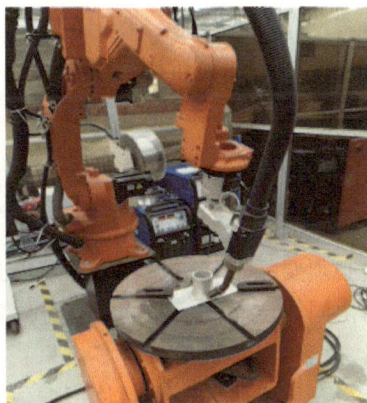

机器人示教到起弧点，进行外部轴旋转并使用MC(圆弧运动)定点位，按照整圆编程原则3点为一个弧，在编程中机器人保持姿态不变，只进行$X/Y/Z$方向微调变位机旋转定点，直到变位机旋转一圈

图 5-8 变位机协同编程示例

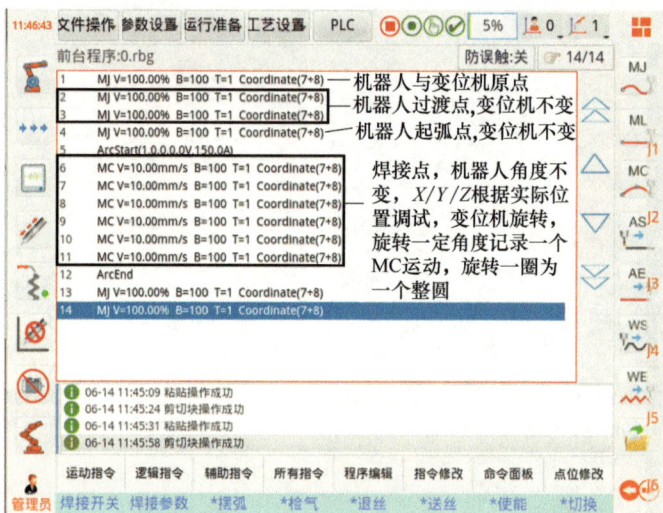

图 5-8　变位机协同编程示例（续）

复习思考题

一、选择题

1. 以下哪种参数影响附加轴协同精度？（　　）

A. 减速比错误　　　　　　　B. 最大加速度

C. 最大速度　　　　　　　　D. 最大加加速度

2. 跟随误差脉冲设置成编码器单圈脉冲的（　　）倍。

A. 1～5　　　　　　　　　　B. 4～8

C. 6～10　　　　　　　　　　D. 10 以上。

3. 以下哪个代表附加轴切换？（　　）

A. 　　　　　　　　B.

C. 　　　　　　　　D.

二、判断题

1. 附加轴必须要标定好机械零位后才能进行协同标定。（　　）

2. 附加轴协同标定完成后，必须打开协同才能进行协同编程。（　　）

3. 机器人、变位机移机后或者零位重新校准后，需要重新标定协同。（　　）

4. 机器人与变位机协同下不可使用摆弧。（　　）

5. 机器人与变位机联动编程时，需要使用联动指令。（　　）

三、简单题

1. 阐述说明附加轴标定过程。

2. 协同标定后出现机器人与变位机协同方向完全相反，是什么原因引起的？

3. 变位机主要结构有哪些？

【榜样的力量】

大国工匠：郑志明

郑志明，毕业于柳州微型汽车厂中等职业技术学校，广西汽车集团有限公司钳工特级技师。曾获"全国五一劳动奖章""全国劳模""全国优秀共产党员""全国技术能手""大国工匠年度人物"等荣誉，成为国家级技能大师工作室带头人，享受国务院特殊津贴，是当代产业工人队伍中的杰出代表。

2017年，车桥厂需要制造一条后桥壳自动化焊接生产线。该生产线由气密性检测、液压调直、机加工、机器人工作站、环焊专机等多种复杂设备组成。要求新生产线自动化程度达到80%以上，比原生产线减少操作岗位40%以上。郑志明与团队多次评审、优化、讨论、验证，最终拿出自动化生产线的整体数模和方案，顺利完成了这项艰巨的任务。该项目实施后可以基本实现全线自动化生产后桥总成，投产后，在产量保持不变的情况下，整线每年可以节约人工成本30万元。目前该线是国内唯一一条自主研发的微型汽车后桥壳自动化焊接生产线，填补国内自动化后桥壳焊接生产线空白。

第六章 典型焊件的机器人焊接工艺与编程

【知识目标】

1. 了解机器人焊接对生产工艺的要求。
2. 掌握典型焊件的结构特点和焊接工艺要求。
3. 理解焊接结构特点，灵活运用焊接电源焊接模式、机器人的焊接指令进行高效焊接。

【能力目标】

1. 能根据焊件结构特点，运用机器人焊接工艺知识进行合理编程。
2. 能够正确分析典型焊件的结构特点，并制定相应的焊接工艺。
3. 能编制机器人焊接工艺。
4. 能够优化焊接路径和工艺参数，提高焊接质量和效率。

【素养目标】

1. 培养学生对机器人技术在焊接领域应用的兴趣。
2. 培养学生分析和解决实际焊接问题的能力。
3. 培养学生在团队合作中的沟通和协作能力，特别是在机器人系统调试和运行中的协作能力。

本章学习典型焊件的机器人焊接工艺与编程典型案例，以机器人焊接工艺与编程实践为主线，系统介绍典型焊接结构的特点、工况条件和工艺设计规范，讲解机器人焊接制造工艺流程和各工序，选取典型农业机械焊接结构、电力行业焊接结构、汽车制造行业焊接结构进行工艺设计与编程的要点介绍。

学习本章后，能根据具体生产条件，系统理解和掌握智能焊接工作过程中的机器人焊接工艺与编程、机器人焊接工艺评定以及生产过程焊接数字信息分析、数据分析、焊接智能化技术改造和设备集成与维护、质量管理等。

▶ 第一节　播种机地轮固定座机器人焊接工艺与编程

一、行业背景

农机结构件具有样式独特，种类繁多等特点，目前农机企业普遍采用手工焊接操作生产，效率低，质量难以保证。部分农机企业在应用机器人焊接农机零部件时，由于操作人员缺乏对机器人焊接工艺的认识，尤其是没有认识到零部件的下料、成形、装夹等加工工艺，对机器人焊接的质量具有重要影响，因此达不到提高质量、效率，降低成本的目的，影响了机器人的应用。本节介绍应用机器人焊接播种机地轮固定座，分析其零部件的下料、成形、装夹的加工工艺对预编焊接程序文件的影响，并提出解决措施，以提高机器人焊接应用效果。

二、播种机地轮固定座机器人焊接工艺分析与编程

1. 地轮固定座结构与要求

地轮固定座结构如图 6-1a 所示，它是由两个挂钩固定板（图 6-1d）、两个地轮连接侧板（图 6-1b）、一个地轮连接座板（图 6-1c）焊接而成。材料选择 Q235B 钢，规格为：连接侧板厚 8mm、连接座板厚 6mm。焊接位置、接头形式及焊缝类型如下。

1）焊接位置：平角焊、立角焊、特殊位置。

2）接头形式：角接。

3）焊缝类型：直线、圆弧、直线与圆弧过渡。

焊件焊接技术要求如下。

1）焊接挂钩固定板两侧焊缝。

2）焊接变形量不能超标准。

3）焊缝表面不允许有气孔、夹渣、裂纹，成形美观。

a) 地轮固定座　　　　b) 地轮连接侧板　　　　c) 地轮连接座板　　　　d) 地轮挂钩固定板

图 6-1　播种机地轮固定座焊合

2. 地轮固定座零部件下料、成形、装夹加工过程分析与编程

根据机器人焊接要求，地轮固定座各零部件下料、成形、定位装夹尺寸必须一致。以下结合某农机企业生产的地轮固定座，主要分析零部件下料、成形、定位装夹加工过程对编程

的影响因素。

（1）下料、开孔　地轮固定座的地轮连接座板、地轮连接侧板及连接孔，选用激光切割下料、开孔，切割加工前通过激光切割操作面板，将切割板厚及形状尺寸输入并设置适当的切割参数，经过切割加工的零件基本可以保证切割面平整及零部件尺寸一致，能符合机器人焊接要求。

（2）成形　地轮连接座板选用折弯机压制成形，成形过程为：在折弯机上安装折弯模，如图 6-2a 所示，将激光切割好的板料放置在折弯模上，通过上模分多次点压板料前端，使其弯曲成半径 $R40\text{mm}$ 的形状，如图 6-2b 所示。生产中折弯机反复进行点压成形操作，要求操作者必须具有丰富的点压经验，但在实施中，难以保证压制的每一件地轮连接座板前端均弯曲成半径 $R40\text{mm}$，以致造成其与地轮连接侧板组装后产生的间隙大小不一，影响后续装配。

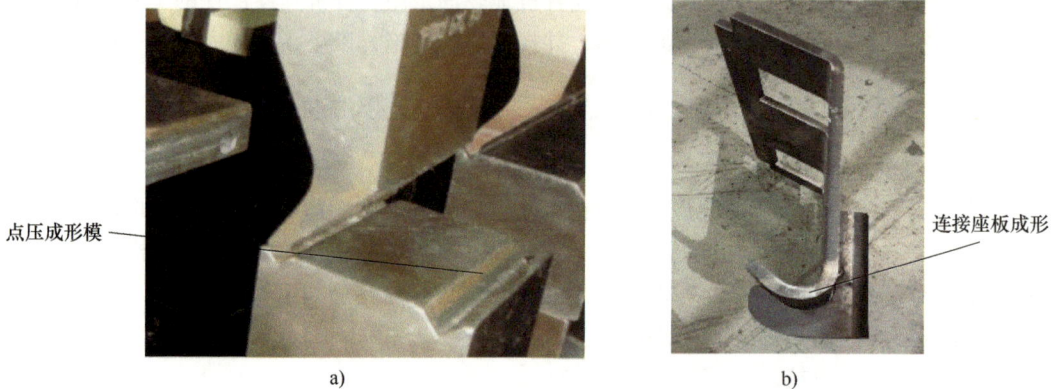

点压成形模

连接座板成形

a)　　　　　　　　　　　　　　b)

图 6-2　折弯操作

（3）定位与装配　定位与装配选用胎架夹具，如图 6-3 所示，定位装夹顺序为：先将地轮连接座板放入胎架，然后将两个地轮连接侧板分别放入定位装夹，胎架夹具定位装夹基本可以保证装配尺寸一致。由于地轮连接座板是由折边机反复点压成形的，因此，地轮连接座板的成形一致性较差，与地轮连接侧板组装后容易造成装配间隙不一致，从而影响机器人焊接质量。在实际操作时，需要花费大量时间在示教器上修改预编的焊接程序文件，而且难以重新选用合适的焊

底板与侧板胎具

轮固定座胎具

连接侧板定位销

连接侧板定位夹具

装配间隙大小不一

定位胎架

图 6-3　装配定位影响因素

接参数。

通过以上分析得知，影响机器人焊接的主要因素，是选用折边机反复点压成形不能保证成形的一致性，因此，要保证地轮连接座板前端均弯曲成半径 $R40\text{mm}$，应选用压力机及相应的成形模具，一次压制，保证成形的一致性。

▶ 第二节　电杆抱箍机器人焊接工艺与编程

一、行业背景

电杆抱箍是电力电杆上用来固定电线的金属器具。随着国家对电力设施的不断改造，电杆抱箍作为电力设施的一个重要组成部分，市场需求逐渐增加。为了满足需求，部分企业应用机器人焊接方法。本节结合某企业应用机器人焊接电杆抱箍的生产工艺，分析工艺过程的每一道工序有哪些因素影响编程，根据影响因素，运用所学过的知识，制定机器人焊接工艺，从而达到提高机器人焊接质量和效率，并降低成本的应用效果。

二、电杆抱箍机器人焊接工艺分析与编程

1. 电杆抱箍结构与要求

电杆抱箍的结构如图 6-4 所示，它是由钢板和两个加强筋焊接组装而成的。材料选择 Q235 钢带，规格为：板厚 8mm、长 610mm。加强筋材料为 Q235，板厚为 8mm。

图 6-4　电杆抱箍

焊接位置、接头形式及焊缝类型如下。

1）焊接位置：平角焊、立角焊、特殊位置。

2）接头形式：角接。

3）焊缝类型：直线、圆弧、加强筋板斜立角接、直线与圆弧过渡、包角。

焊件焊接技术要求如下。

1）焊接加强筋板两侧焊缝，焊脚 K_1、K_2 尺寸必须对称。

2）焊缝两端必须包角。

3）焊缝表面不允许有未熔合、气孔、夹渣、裂纹，成形美观。

2. 电杆抱箍机器人焊接工艺过程分析

电杆抱箍机器人焊接工艺过程：下料→冲孔→成形→装夹→编程→焊接→清理→检验。

电杆抱箍选用机器人焊接，焊前必须分析工艺过程相关的制造能否保证加工、定位、装夹尺寸一致。因此，必须分析工艺过程的每一道工序有哪些因素影响编程，根据影响因素制

定防止措施，才能达到提高机器人焊接质量和效率，并降低成本的应用效果。

（1）下料、冲孔分析　生产企业选用自动送料的冲压机，分别进行自动送料、下料和冲孔操作，如图 6-5 所示。下料过程是自动送料机将长 6000mm、宽 80mm、厚 6mm 的钢带送进定位槽，由夹紧器夹紧钢带进行自动送料。抱箍冲孔、下料尺寸由操作平台显示屏点击输入，启动后伺服电动机根据指令准确执行下料、冲孔。这种方法加工尺寸准确、误差小，可以保证质量。

电杆抱箍
案例1

下料、冲孔压力机　　　　　夹紧机构伺服　　伺服电动机输送

a) 下料、冲孔　　　　　　　　　　b) 送料

图 6-5　电力电杆抱箍下料与冲孔

制定下料、冲孔工艺卡，见表 6-1。

表 6-1　下料、冲孔工艺卡

序号	工步说明	控制内容	测量工量具	控制要素	备注
1	长度尺寸检测	各零件的尺寸	平直角尺 500mm	长度≤0.1mm	尺寸检测前，必须去除物料表面铁锈、割渣、毛刺等缺陷后，方可进行检测工作
2	孔距检测	孔距	钢直尺 500mm	孔距≤0.2mm	
3	下料两端切口、两孔冲口毛刺检测	两端切口、两孔冲口毛刺	游标卡尺 200mm	毛刺≤0.1mm	
4	除锈、水、油	距离焊道 20mm 范围内不得有铁锈、水、油	清洗剂	焊接处无铁锈、水、油	

（2）电杆抱箍成形　抱箍成形选用的设备为荷载 50t 的液压机，通过自动送料机将抱箍板料推至下模，上模下压至抱箍成形，如图 6-6 所示。

制定电杆抱箍成形模装配工艺卡，见表 6-2。

（3）电杆抱箍定位与装夹　电杆抱箍定位与装配是影响焊接质量的关键因素之一，应按照如下顺序进行：

抱箍放置定位销→两筋板分别放置两筋板定位器→启动气动开关→上装夹模往下压紧抱箍、筋板。

电杆抱箍
案例2

板料推至下模

压至抱箍成形

a)   b)

图 6-6 抱箍成形

表 6-2 电杆抱箍成形模装配工艺卡

序号	工步说明	控制内容	测量工量具	控制要素
1	上、下模装配	上、下模装配间隙	上、下模装配间隙样卡	上、下模装配间隙 6mm ±0.2mm
2	两定位器安装	两定位器对称于上模中心线;两定位器两端长度大于抱箍长 0.5mm	两定位器对称于上模中心线样卡、抱箍长度样卡	两定位器对称于上模中心线、两定位器两端长度 500mm±0.5mm
3	校核自动送料机构	校正自动送料机构	成形抱箍样卡	成形抱箍两端平行

电杆抱箍定位与装夹要求见表 6-3。

表 6-3 电杆抱箍定位与装夹要求

序号	工步说明	控制内容	测量工量具	控制要素	注释
1	抱箍放进定位孔	抱箍定位后端面与定位器平面紧贴	目测	抱箍紧贴定位器平面	必须去除夹具表面铁锈等污物后,方可进行装夹工作
2	两筋板放进定位器	两筋板紧贴定位器	目测	两筋板紧贴定位器	

(4) 电杆抱箍机器人焊接示教与编程 焊接示教与编程是一种简单、直观、高效的编程方法,具备简化编程流程、提高精确度、适应复杂环境以及缩短调试周期等优势。该方法能够为焊接加工领域提供更为便捷和高效的编程工具,进而促进生产效率的提升和焊接品质的改善。

1) 校正焊接机器人 TCP。

2) 规划焊接顺序、焊接方向、焊接轨迹点。

① 规划焊接顺序。规划焊接顺序时,必须根据抱箍结构、板厚、接头形式及焊接要求进行分析。若电杆抱箍先焊图 6-7b 所示的 a 面和 b 面、后焊图 6-7a 所示的 A 面和 B 面时,相当于先焊面对后焊 A 面和 B 面进行了预热,当焊 A 面和 B 面时,由于温度高、散热慢,易引起咬边、焊缝成形不美观等缺陷。因此,焊接顺序应为先焊 A 面和 B 面,后焊 a 面和 b 面,这样能有效控制咬边及焊缝成形。

a)

b)

图 6-7　规划焊接顺序

② 规划焊接方向。焊接方向由平角焊至立角焊时，如图 6-8a 所示，焊件受热集中、散热慢，立角焊缝立向上焊时，温度逐渐升高，熔化的铁液受重力作用，难以控制焊缝成形质量。因此，焊接方向应由立角焊至平角焊，如图 6-8b 所示。立角向下焊时，适当提高焊接电流、焊接速度，容易控制温度、焊缝成形，减少焊缝咬边。

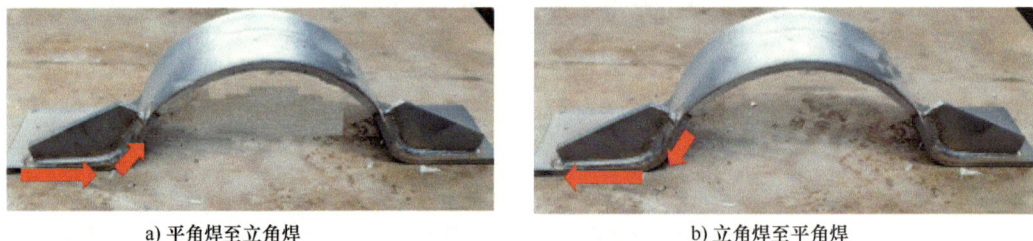

a) 平角焊至立角焊

b) 立角焊至平角焊

图 6-8　焊接方向规划

③ 规划焊接轨迹。规划电杆抱箍筋板焊接轨迹点，应根据各轨迹点的位置对焊接影响进行分析后确定。电杆抱箍筋板焊接轨迹点分析如下：

ⅰ. 起弧点设置对焊缝成形质量的影响。起弧点偏离筋板端过大时，会造成焊后筋板顶端焊缝不能形成包角、焊脚焊缝浅或未熔合，如图 6-9a 所示；起弧点离筋板端点偏低时，会造成焊后筋板顶端焊不上、焊缝不包角，如图 6-9b 所示。

ⅱ. 平角焊转立角焊的圆弧插补点的设置对焊缝成形质量的影响。

圆弧插补 3 个点的间距过小时，会使焊缝焊角偏高，如图 6-10 右侧所示；3 个点的间距过大时，会使焊缝圆弧过渡不美观，如图 6-10 左侧所示。

a) 偏离大，焊缝不包角　　b) 偏离低于端点，焊缝不包角

三点距离过大　　　　　　三点距离过近

图 6-9　焊接轨迹点对焊缝成形的影响（一）　　图 6-10　焊接轨迹点对焊缝成形的影响（二）

ⅲ. 收弧点设置对焊缝成形质量的影响。收弧点过于向筋板末端前移时，会造成焊后焊缝不包角、焊脚焊缝浅或未熔合，如图 6-11a 所示；收弧点设在末端后时，焊缝末端焊不到，造成焊缝不包角，如图 6-11b 所示。

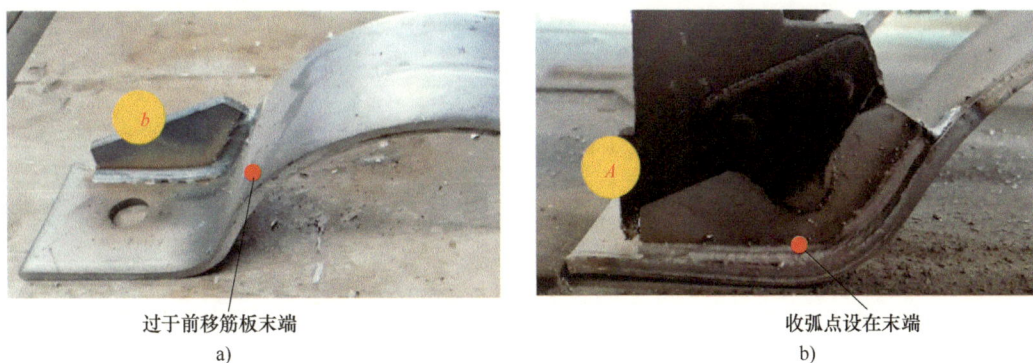

过于前移筋板末端
a)

收弧点设在末端
b)

图 6-11　收弧点设置对焊缝成形的影响

④ 焊枪角度。

根据技术要求筋板两端包角，示教起、收弧轨迹点焊枪角度的要点如下。

ⅰ. 抱箍筋板焊接，筋板两端受热的作用温度高，散热慢，a、b 点位距离筋板端过近时，示教的焊枪角度难以控制，易造成焊后烧穿或咬边，如图 6-12a 所示。

ⅱ. a、b 点位距离筋板端过大时，示教的焊枪角度难以控制包角的效果，如图 6-12b 所示。

ⅲ. a、b 点位距离筋板端合适，焊枪角度过大时，焊后筋板端易咬边；焊枪角度过小时，焊后包角焊缝成形不良。

因此，机器人焊接生产中合适的设置为：筋板端距离 a 点为 1.5～2mm，示教焊枪前进角 85°、工作角 50°；筋板端 b 点位收弧前设变换焊枪角度轨迹 c 点，c 点与 b 点距离约 15mm，如图 6-12c 所示；b 点距离筋板端为 1.5～2mm；c 点前示教焊枪前进角 85°、工作角 50°，c 点到 b 点示教焊枪前进角 95°、工作角 50°。

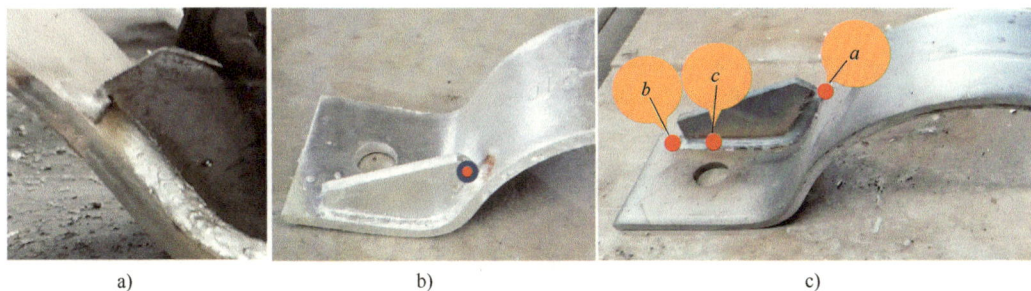

a)　　　　　　　　　　　b)　　　　　　　　　　　c)

图 6-12　焊枪角度对焊缝成形质量的影响

三、电杆抱箍机器人焊接轨迹点及参数优化

1. 编制电杆抱箍焊接各轨迹点的焊接参数

根据上面分析及生产调试，绘制焊接各轨迹点（见图 6-13）及相应的焊接参数（见表 6-4）。

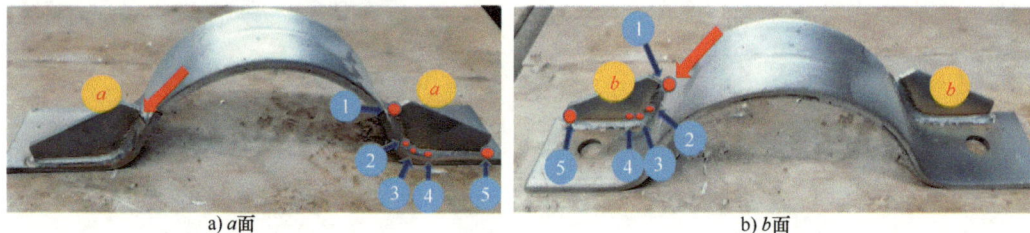

a) a面   b) b面

图 6-13　焊接轨迹点规划

表 6-4　各轨迹点焊接参数工艺卡表

a 侧板焊缝焊接	a 侧板焊缝焊接轨迹点	焊枪角度	焊接电流/A	焊接电压/V	焊接速度/(mm/s)	起/熄弧时间/s	起/熄弧电流/A	起/熄弧电压/V	干伸长度/mm	电源模式
立角焊缝	1	焊接工作角度 50°，前进角 85°	250	-0.5	17	0.3	250	0	15	恒压/一元化
	2、3、4		250	-0.3	19	—	—	0	15	
平角焊缝	4、5		240		15	0.3	230		15	

b 侧板焊缝焊接	b 侧板焊缝焊接轨迹点	焊枪角度	焊接电流/A	焊接电压/V	焊接速度/(mm/s)	起/熄弧时间/s	起/熄弧电流/A	起/熄弧电压/V	干伸长度/mm	电源模式
立角焊缝	1	焊接工作角度 50°，前进角 85°	240	-0.5	17	0.3	240	0	15	恒压/一元化
	2、3、4		240	-0.3	19	—	—	0	15	
平角焊缝	4、5		230		15	0.3	220		15	

2. 编制电杆抱箍焊接程序和设定焊接参数

1）编制电杆抱箍内面焊接程序和设定焊接参数，如图 6-14 和图 6-15 所示。

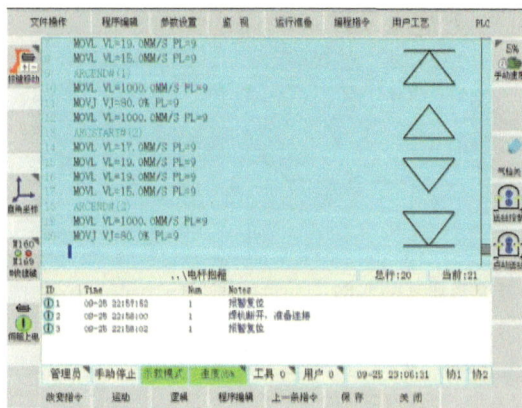

图 6-14　电杆抱箍内面焊接程序

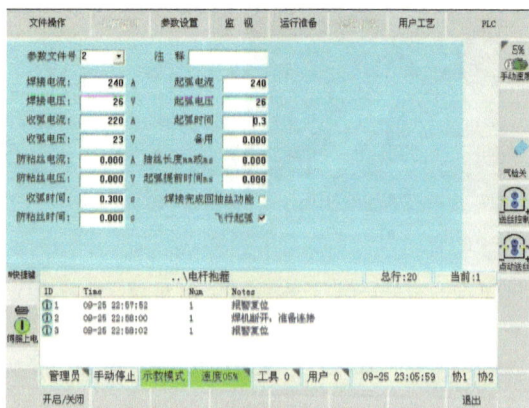

图 6-15　电杆抱箍内面焊接参数

2）编制电杆抱箍外面焊接程序和设定焊接参数，如图 6-16 和图 6-17 所示。

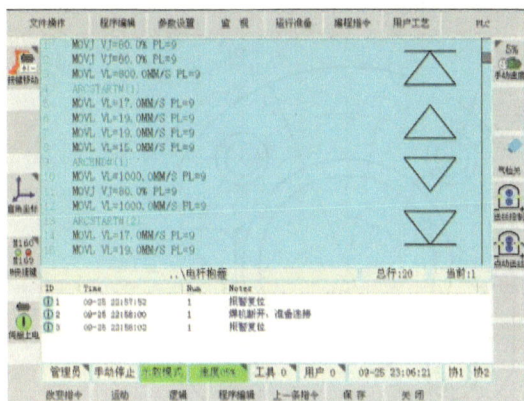

图 6-16　电杆抱箍外面焊接程序

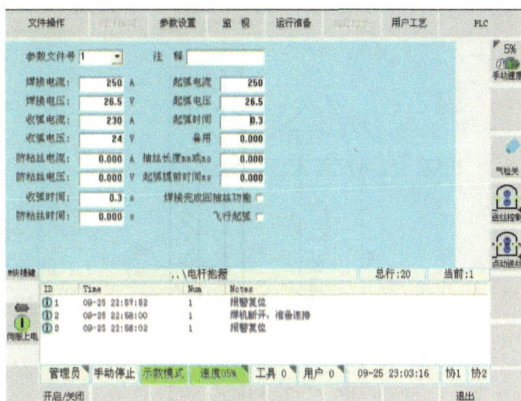

图 6-17　电杆抱箍外面焊接参数

▶ 第三节　　液压缸缸体的机器人焊接工艺与编程

一、行业背景

液压缸在工业自动化领域扮演着至关重要的角色。随着制造业的发展和技术的进步，液压缸已经成为自动化设备中的常见组件之一。其主要功能是将液压能转化为机械能，通过控制液压油的流动来实现线性或旋转运动。

在应用机器人焊接技术生产液压缸时，应认真分析该产品的焊接工艺及编程，通过优化工艺和程序，达到提高焊接质量和效率、降低生产成本的目的。

二、液压缸缸体机器人焊接工艺分析与编程

1. 液压缸缸体的结构与要求

液压缸缸体如图 6-18 所示，组成缸体的零件缸底和缸筒的图样如图 6-19 所示。缸体材料选择 45 钢，板厚 8mm，焊接位置：平角焊，接头形式：管板角接。

焊接技术要求：焊缝连续光滑，不得有裂纹、未熔合、气孔、夹渣等缺陷，焊后通过 0.6MPa 水压检测。

2. 液压缸缸体机器人焊接工艺分析与编程

液压缸缸体机器人焊接工艺过程为：下料→车、铣、钳→数控车→装夹→编程→焊接→清理→检验。

（1）液压缸底加工工艺　液压缸底下料、车、铣、钳加工工艺见表 6-5。

图 6-18　液压缸缸体

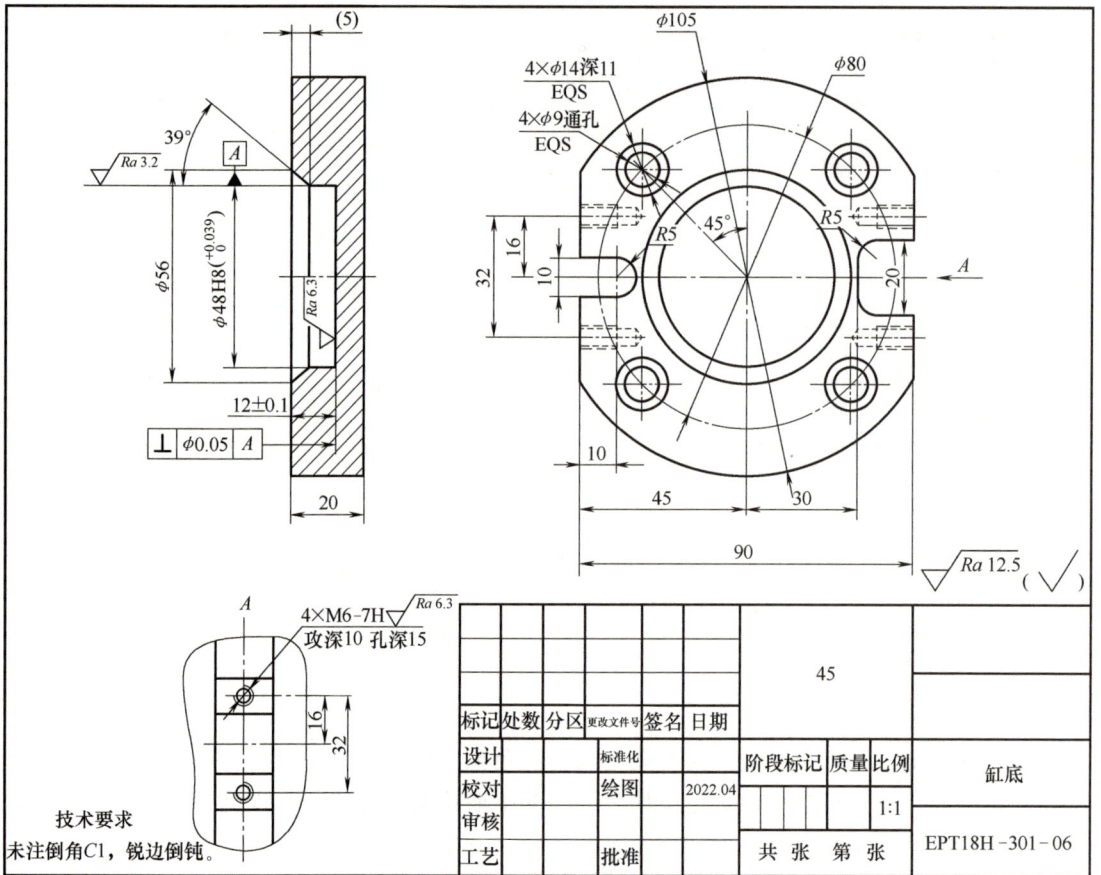

a) 缸底图样

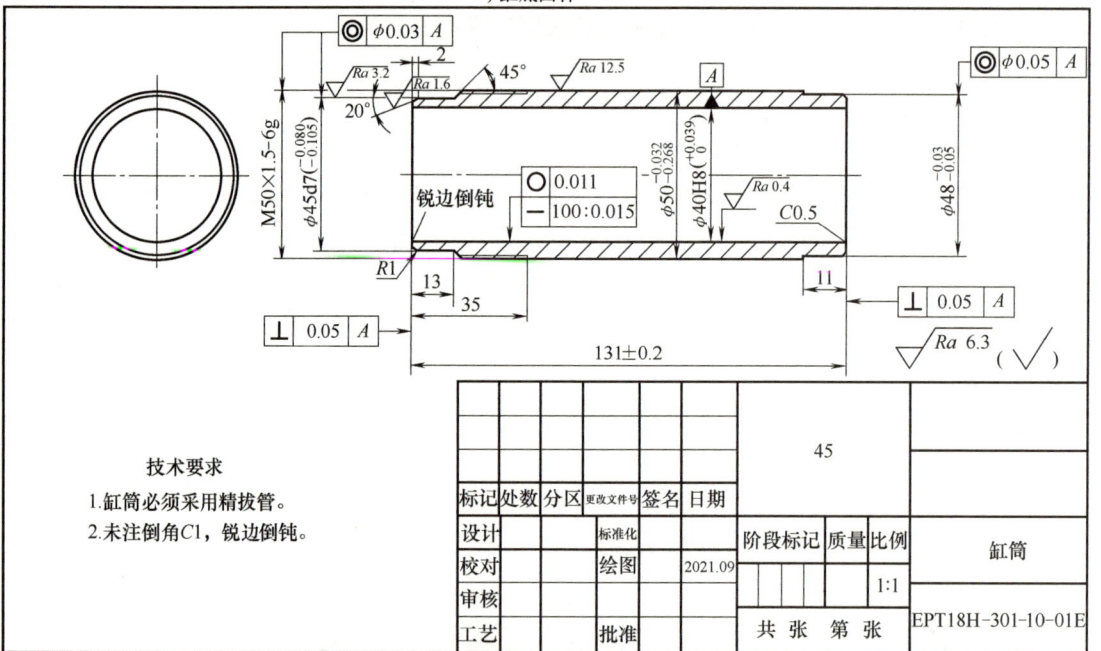

b) 缸筒图样

图 6-19 液压缸缸底和缸筒

表 6-5　缸底加工工艺

序号	车间名称	工种	工序内容
1	下料	锯	下料尺寸：$\phi110$mm×24mm
2	金工	车	按图样数控车全件至尺寸，保证图样技术要求
3	金工	铣	1. 按图样铣尺寸 90 平面
			2. 按图样铣尺寸 10、尺寸 20 凹槽
4	金工	钳	1. 按图样划钻 4×M6-7H 至尺寸
			2. 按图样划钻 4×ϕ14、4×ϕ9 孔
			3. 锐边倒钝，毛刺修净

缸底选用的加工方法及工艺容易保证加工尺寸标准一致，利于装配、示教与编程。

（2）缸筒加工工艺　缸筒下料、数控车加工工艺见表 6-6。

表 6-6　缸筒加工工艺

序号	车间名称	工种	工序内容
1	下料	锯	下料尺寸为（131±0.2）mm
2	金工	数控车	1. 按图左端撑内孔，另一端塞闷头，车两端外圆搭中心架处
			2. 搭中心架，平端面，车外圆 $\phi48^{-0.03}_{-0.05}$ 至尺寸，内外圆倒角，锐边倒钝
			3. 调头撑内孔，搭中心架，平端面，保证总长（131±0.2）mm 尺寸，车螺纹 M50×1.5-6g 外径至 $\phi50^{-0.032}_{-0.268}$ 尺寸，车外圆 $\phi45^{-0.080}_{-0.105}$ 至尺寸，内外圆各倒角倒圆，精车螺纹 M50×1.5-6g。修净毛刺，锐边倒钝

缸筒选用锯床下料、数控车加工，能有效控制质量，利于后续示教与编程，保证焊接质量。

（3）缸底与缸筒的定位与装配　缸体定位、装配顺序：缸筒由车床卡盘定位夹紧，缸底插入缸筒定位，与另一缸底背靠背定位，另一缸筒插入缸底，利用顶座圆锥压进缸筒内进行定位装夹，如图 6-20 所示。定位、装夹过程人工介入控制。

两个缸底定位的方向和角度小于 0.5°（避免收弧位置与螺纹孔重叠），按照图样

图 6-20　缸底与缸筒的定位与装配

要求，必须保证缸底与缸筒组对在正确的尺寸位置上，缸筒与缸底要插到底，不得插歪，偏移误差不得大于 0.5mm，并确保在一条直线上，如图 6-20 所示。

采用这种定位、装夹，质量、效率易受影响，不符合预编机器人焊接程序文件要求，易引起焊接缺陷。

（4）液压缸缸体机器人焊接编程　机器人编程是一种简单、直观、高效的编程方式，具有简化编程、提高精度、适应复杂环境、缩短调试时间等优点，可提高生产效率和焊接质量。

1）校正焊接机器人 TCP。校验机器人 TCP 示意图如图 6-21 所示，若 TCP 校正误差大于 2mm、干伸长过长或过短、干伸长弯曲时，均会影响示教的准确性，致使焊后焊接质量达不到要求。因此，TCP 校正要控制好以下几点：

① TCP 校正误差控制在 2mm 以内。

② TCP 校正干伸长控制在 15mm。

③ TCP 校正干伸长不允许有弯曲。

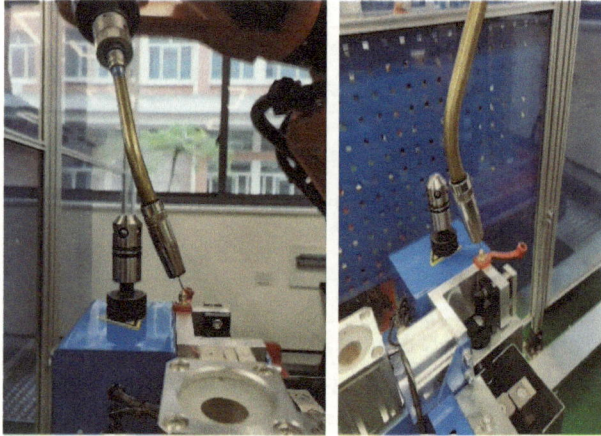

图 6-21　校验机器人 TCP

2）编程。机器人焊接示教程序如下：

```
0001    DEF gbh0605（）
0002    INI
0003    PTP   HOME   Vel＝100%   DEFAULT
0004    PTP P1   Vel＝50%   PDAT1 Tool［1］：sndswlp Base［0］
0005    PTP P2   Vel＝50%   PDAT2 Tool［1］：sndswlp Base［0］
0006    PTP P3   Vel＝50%   PDAT3 Tool［1］：sndswlp Base［0］
0007    LIN P4 Vel＝0.2 m/s CPDAT1 Tool［1］：sndswlp Base［0］
0008    ARCON WDATI   PTP   P5 Vel＝100%   PDAT4 Tool［1］：sndswlp Base［0］
0009    CIRC P6 P7 Vel＝0.005 m/s CPDAT2 Tool［1］：sndswlp Base［0］
0010    CIRC P8P9Vel＝0.005 m/s CPDAT3Tool［1］：sndswlp Base［0］
0011    CIRC P10   P11Vel＝0.005 m/s CPDAT4Tool［1］：sndswlp Base［0］
0012    CIRC P13P14   Vel＝0.005 m/s CPDAT5Tool［1］：sndswlp Base［0］
0013    CIRC P15   P16Vel＝0.005 m/s CPDAT6Tool［1］：sndswlp Base［0］
0014    CIRC P17P18Vel＝0.005 m/s CPDAT7Tool［1］：sndswlp Base［0］
0015    CIRC P19P20Vel＝0.005 m/s CPDAT8Tool［1］：sndswlp Base［0］
0015    CIRC P21P22Vel＝0.005 m/s CPDAT9Tool［1］：sndswlp Base［0］
0016    ARCOFF WDAT2 LIN P23 CPDAT10 Tool［1］：sndswlp Base［0］
0017    LIN P24 Vel＝0.2 m/s CPDAT11 Tool［1］：sndswlp Base［0］
0018    LIN P25Vel＝0.2 m/s CPDAT12 Tool［1］：sndswlp Base［0］
```

```
0019    PTP P26   Vel=50%   PDAT5Tool［1］：sndswlp Base［0］
0020    PTP P27   Vel=50%   PDAT6Tool［1］：sndswlp Base［0］
0021    PTP  HOME  Vel= 100%   DEFAULT
0022    END
```

3）液压缸缸体机器人焊接工艺优化与改进。从以上工艺分析得知，缸体采用的定位、装夹方式，质量、效率易受影响，不符合预编机器人焊接程序文件要求，易引起焊接缺陷，预编焊接程序文件选用的焊接参数影响焊接效率及焊后的焊缝外观。以下分别进行调整优化。

① 缸体定位、装夹调整以优化。

方案一 在提升机器人焊接工艺的效率和质量方面，一个改进方案和思路是将焊接工作台设计为带有旋转功能的双工位结构，如图 6-22 所示。

这种设计将焊接工作台分为 A、B 两块，每块都能独立地进行操作。一侧用于安装和定位待焊接的零件，操作人员可以在此区域进行装夹和调整，确保零件的位置和姿态符合机器人焊接要求；另一侧则用于实施焊接作业，机器人可以在此区域按照预设的轨迹程序进行焊接任务。

当一侧正在进行焊接时，另一侧可以同时进行零件的安装和准备，这样大大减少了等待时间，提高了整个焊接过程的连续性和效率。这种双工位旋转式焊接工作台的设计，不仅优化了工作流程，而且显著提升了焊接效率，对于提升焊接生产的整体性能具有重要意义。

缸底的固定方式为，将其稳固地安置在转台专门设计的凹槽内，如图 6-23 所示。这种固定方法不仅提供了较高的稳定性，还有效防止缸底在操作过程中发生移位，从而确保了整个系统的稳固性。

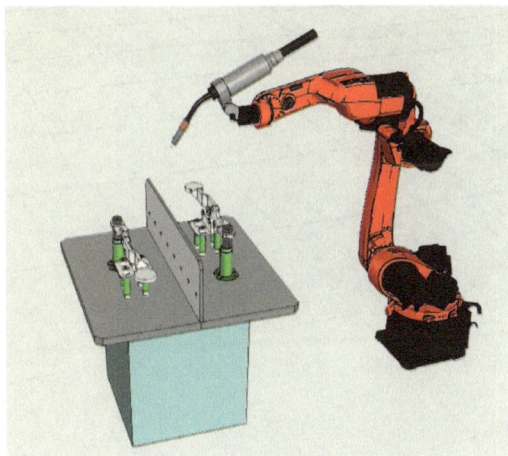

图 6-22 方案一整体实施效果

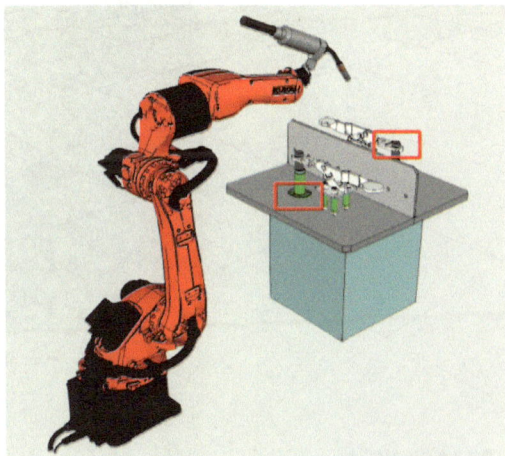

图 6-23 改进后的缸筒和缸底装配方式

缸筒的固定是通过气动气缸末端的锥形件来实现的。这种锥形固定件的设计，不仅提供了强大的夹持力，还保证了缸筒的牢靠性和稳定性。通过这种方式，使焊接装配过程中的稳定性得到了显著提升，从而提高了焊接的质量。

综上，通过优化缸底和缸筒的固定方式，进一步提升了焊接装配的稳定性和焊接质量。

方案二 在方案一的基础上，进一步将工作台改进为三面体结构，如图 6-24 所示。此设计通过合理利用三维空间，显著减少了占地面积，从而实现了空间资源高效利用。

同时，三面体的结构也可以有效避免焊件移动或调整带来的时间浪费，进一步提升了工作效率。此外，三面体工作台的设计还考虑了操作人员的舒适性和安全性，为焊接工艺的优化提供了有力支持。

综上所述，改进后的方案一及方案二不仅节省了空间资源，还显著提升了焊接工作效率。

② 焊接参数调整以优化。优化后的焊接参数见表 6-7。

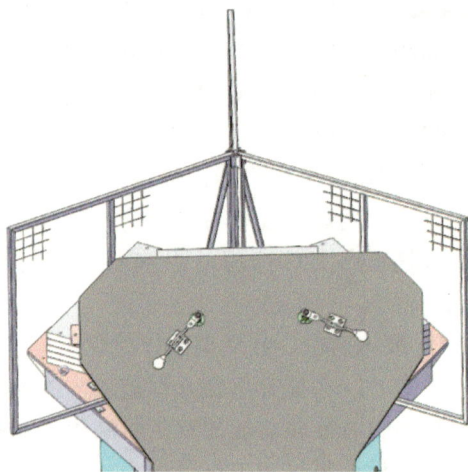

图 6-24 三面体结构转台

表 6-7 优化后的焊接参数

送丝速度/(m/min)	机器人速度/(mm/s)	圆弧示教点数	气体流量/(L/min)	干伸长/mm
4.5	12	16	12	12~15

经过调整与优化后，生产的焊件如图 6-25 所示。

图 6-25 工艺优化后生产的焊件

复习思考题

1. 农机轮固定座的装配顺序是什么？
2. 农机轮固定座的热处理有哪些？
3. 焊接工艺对农机件性能的影响有哪些？
4. 请分析电杆抱箍机器人焊接工艺与传统手工焊接的异同点。

5. 针对不同结构的焊件，如何建立机器人焊接技术框架？

6. 请设计某一结构焊件采用机器人焊接的技术方案实施路线。

【榜样的力量】

焊接专家：关桥

关桥，中国工程院院士，航空制造工程焊接专家。生于山西省太原市，籍贯山西襄汾，中国共产党党员。毕业于莫斯科鲍曼高等工学院，后又继续深造获技术科学副博士学位（K. T. H.）。现任中国航空制造工程研究院研究员。曾任中国焊接学会理事长、国际焊接学会（IIW）副主席。

他在焊接力学理论研究领域有重要建树，是"低应力无变形焊接"新技术的发明人，解决了影响壳体结构安全与可靠性的焊接变形难题。

关桥长期从事航空制造工程中特种焊接科学研究工作，是我国航空焊接专业学科发展的带头人。指导了高能束流（电子束、激光束、等离子体）加工技术、扩散连接技术与超塑性成形/扩散连接组合工艺技术、搅拌摩擦焊接等项新技术的预先研究与工程应用开发；先后获国家发明奖二等奖一项，部级科学技术进步奖一等奖2项，二等奖4项；拥有2项国家发明专利。

关桥长期致力于我国焊接科学技术事业的发展。在担任中国焊接学会理事长期间，领导我国焊接学会，作为东道主，于1994年在北京成功地举办了国际焊接学会（IIW）第47届年会。

他注重人才培养和科研团队的建设，获得多项国内国际大奖和荣誉称号：全国先进工作者（1989）、航空金奖（1991）和光华科技基金奖一等奖（1996）、何梁何利基金技术科学奖（1998）、国际焊接学会（IIW）终身成就奖（1999）、中国焊接终身成就奖（2005）、英国焊接研究所BROOKER奖章（2005）、中国机械工程学会科技成就奖（2006），国际焊接学会FELLOW奖（IIW Fellow Award 2017）等。

关桥曾当选为中国共产党第十一、十二、十三次全国代表大会代表，第六届全国人民代表大会代表，北京市第十届人民代表大会代表，中国人民政治协商会议第九届、第十届全国委员会科技界委员。

参考文献

[1] 鲁金忠. 激光先进制造技术 [M]. 北京：机械工业出版社，2023.

[2] 叶寒，付望，张军，等，制动器壳体类零件的自动化生产线设计 [J]. 组合机床与自动化加工技术，2016（3）：115-119.

[3] 李铭，孙增光. 工业机器人技术的应用与展望 [J]. 科学与财富，2019（15）：37-38.

[4] 于果然. 工业机器人在工业发展与现代生活中的应用 [J]. 大众标准化，2020（23）：136-137.

[5] 王永. 焊接机器人在推土机后桥箱上的应用 [J]. 工程机械，2020（7）：90-95.

[6] 罗贤，李喆. 焊条电弧焊仰对接单面焊双面成型技术及质量控制 [J]. 电焊机，2019（12）：114-116.

[7] 孙营，王显利. 浅析南水北调中线工程钢闸门焊接中常见缺陷原因、危害和预防措施 [J]. 城市建设理论研究，2014（19）：384-385.

[8] 王滨，刘鸿均，张文明. 基于 DSC 的焊枪摆动控制系统研究 [J]. 热加工工艺，2011（11）：139-142.

[9] 杨薇. ABB 六轴工业机器人奇点矫正问题研究 [J]. 科技视界，2014（36）：101.

[10] 王纯祥. 焊接工装夹具设计及应用 [M]. 北京：化学工业出版社，2011.

[11] 刘拥车. 焊接工装设计 [M]. 西安：西安交通大学出版社，2020.

[12] 刘伟，周广涛，王玉松. 焊接机器人基本操作及应用 [M]. 北京：电子工业出版社，2012.

[13] 陈茂爱，任文建，蒋元宁. 焊接机器人技术 [M]. 北京：化学工业出版社，2023.

[14] 陈祝年，陈茂爱. 焊接工程师手册 [M]. 北京：机械工业出版社，2019.

[15] 林尚扬，陈善本，李成桐. 焊接机器人及其应用 [M]. 北京：中国标准出版社，2000.

[16] 胡绳荪. 焊接过程自动化技术及其应用 [M]. 北京：机械工业出版社，2015.

[17] 陈善本，林涛. 智能化焊接机器人技术 [M]. 北京：机械工业出版社，2006.

[18] PIRES JN, LOUREIRO A, BOLMSJ ÖG. Welding Robots：technology, system issues andapplication [M]. London：Springer, 2006.

[19] 王云鹏. 焊接结构生产 [M]. 北京：机械工业出版社，2014.

[20] 祁欣，朱东科. 田湾核电站 3&4 号机组环行起重机结构及性能特点 [J]. 科技创新与生产力，2016（7）：78-79.

[21] 杨芹. 装填支架焊接机器人工作站设计 [D]. 成都：西南交通大学，2017.

[22] 刘圣祥. 弧焊机器人离线编程实用化研究 [D]. 哈尔滨：哈尔滨工业大学，2007.